固体氧化物燃料电池阴极材料

姚传刚　张海霞　刘　凡　蔡克迪　编著

北　京
冶　金　工　业　出　版　社
2021

内 容 提 要

固体氧化物燃料电池具有高效、环保、燃料多样化等优点，被公认为21世纪的绿色能源技术，对于缓解能源危机、环境污染及保障国家安全等具有重要的意义。本书1~4章主要介绍了燃料电池的原理及类型，固体氧化物燃料电池的工作原理、组成材料的特点及研究现状、阴极材料的制备和测试表征方法；5~7章以三种双钙钛矿型固体氧化物燃料电池阴极材料为例，详细阐述了其制备、测试表征及结果分析。

本书可供从事固体氧化物燃料电池研究的科研工作者参考，也可作为高等院校相关专业的教学参考用书。

图书在版编目(CIP)数据

固体氧化物燃料电池阴极材料/姚传刚等编著.—北京：冶金工业出版社，2021.2

ISBN 978-7-5024-8684-6

Ⅰ.①固… Ⅱ.①姚… Ⅲ.①固体—氧化物—燃料电池—阴极—材料—研究 Ⅳ.①TM911.4

中国版本图书馆CIP数据核字（2021）第018315号

出 版 人 苏长永
地　　址 北京市东城区嵩祝院北巷39号 邮编 100009 电话 (010)64027926
网　　址 www.cnmip.com.cn 电子信箱 yjcbs@cnmip.com.cn
责任编辑 于昕蕾 美术编辑 郑小利 版式设计 禹 蕊
责任校对 郑 娟 责任印制 禹 蕊
ISBN 978-7-5024-8684-6
冶金工业出版社出版发行；各地新华书店经销；三河市双峰印刷装订有限公司印刷
2021年2月第1版，2021年2月第1次印刷
169mm×239mm；8.25印张；162千字；124页
49.00元

冶金工业出版社 投稿电话 (010)64027932 投稿信箱 tougao@cnmip.com.cn
冶金工业出版社营销中心 电话 (010)64044283 传真 (010)64027893
冶金工业出版社天猫旗舰店 yjgycbs.tmall.com
（本书如有印装质量问题，本社营销中心负责退换）

前 言

能源是人类社会生存和发展的重要物质基础，随着全球工业和社会的飞速发展，对于能量的需求与日俱增。如今，全球各国能源消费的主体仍然是煤、石油和天然气等传统化石燃料，这些传统的不可再生能源不仅储量有限，而且在使用过程中会排放出大量的二氧化碳、一氧化碳、硫化物和氮氧化物等有毒气体及大量的粉尘，造成严重的环境污染。为了应对能源危机与环境污染的严峻挑战，全世界各国都在积极探索清洁高效的能源转换方式，而燃料电池技术则被看作是最具有发展前景的能源转换技术之一。

燃料电池（Fuel Cell）是一种把储存在燃料和氧化剂中的化学能不经过燃烧过程而直接转化为电能的装置，是继水力、电力和核能发电之后的第四代新型发电技术。其中，固体氧化物燃料电池（Solid Oxide Fuel Cell，简称 SOFC）以其高效、环保、燃料多样化等突出优点而备受关注，被公认为 21 世纪的绿色能源技术，对满足电力需求、缓解能源危机、保护生态环境及保障国家安全都具有重大意义。

传统的 SOFC 需在 1000℃ 左右的高温工作才能获得合适的电池输出性能，然而过高的工作温度带来了密封困难、组件间热膨胀不匹配、电池寿命短及运行成本高等诸多问题，因此，将 SOFC 的工作温度由高温（大于 1000℃）降至中温（500～800℃）甚至低温（100～400℃）是目前该领域的研究重点。SOFC 工作温度的降低能够扩大材料的选择范围、增加电池的稳定性、延长电池的使用寿命及降低电池的运行成本等。但与此同时，温度降低会使氧在阴极上的还原反应所导致的极化电阻增大，造成电池性能的迅速衰减。因此研发在中低温区具有优异的电化学催化性能的阴极材料是当前 SOFC 领域的研究热点，这对于加速实现SOFC的商业化应用具有重要的意义。

本书共分为7章：第1章主要介绍了燃料电池的原理、发展历程及分类；第2章详细介绍了SOFC的工作原理、结构类型、发展现状、SOFC组成材料的要求及特点，以及各种类型的SOFC阳极、电解质和阴极的研究现状，包括Ni基、CeO_2基和钙钛矿型阳极材料，ZrO_2基、CeO_2基、Bi_2O_3基、$LaGaO_3$基和复合电解质材料，钙钛矿型、双钙钛矿型、类钙钛矿型和复合阴极材料；第3章介绍了几种常用的SOFC阴极材料制备方法，包括固相法、溶胶-凝胶法、水热法和甘氨酸-硝酸盐法；第4章介绍了几种SOFC阴极材料常用的测试表征方法，包括粉末X射线衍射、扫描电子显微镜、透射电子显微镜、X射线光电子能谱、线膨胀系数测试、密度测试、电导率测试及电化学交流阻抗测试；第5~7章详细介绍了$SrBiMTiO_6$（M = Fe，Mn，Cr）、$LaBa_{0.5}Sr_{0.5-x}Ca_xCo_2O_{5+\delta}$（$x$=0，0.25）和$La_{2-x}Bi_xCu_{0.5}Mn_{1.5}O_6$（$x$ = 0，0.1和0.2）三种SOFC阴极材料，包括材料的制备过程、材料的测试表征及结果分析。

本书的出版得到了国家自然科学基金（No. 21805013）的资助，在此表示感谢！本书在编写过程中，参考了诸多著作和文献，在此对参考文献的著作者和出版社表示衷心的感谢！

由于编者水平有限，书中可能存在纰漏和不足之处，恳请广大读者批评指正！

作　者

2020年8月

目　录

1 燃料电池简介

能源是现代社会进步发展的基础，纵观历史，人类文明的飞跃发展，离不开能源以及能源技术的变革。从传统的蒸汽机到汽轮机、内燃机、燃气轮机，每一次能源技术的变革，都极大地推动了人类现代文明的进步。进入 21 世纪以来，随着全球工业和人类社会的飞速发展，对于能源的需求量也与日俱增。目前以及未来很长一段时间内，全球各国的主要能源消费的主体仍然是煤、石油和天然气等传统的化石燃料。

近几十年来，随着传统能源持续稳定的供应，全球经济大幅增长。但是，传统能源在带来经济社会飞速发展的同时，也带来了诸多无法避免的问题。这些化石能源不仅储存量非常有限，而且在使用的过程中还会排放多种有害气体及悬浮颗粒，从而导致温室效应、酸雨和雾霾等严重的环境问题。传统能源的大规模利用带来的能源短缺、能源争夺以及能源消费带来的环境问题，将会严重影响人类社会的发展。

据统计，全球已探明的可开采的煤炭储量为 15834 亿吨，预计可开采 200 年。已探明可开采的石油储量为 1200 亿吨，预计可开采 40 年。已探明可开采的天然气储量为 120 亿吨，预计可开采 60 年。我国是世界第二大能源生产国，能源储量居于世界前列。但与此同时，我国也是一个能源消耗大国，能源消费位居世界第二，仅次于美国。能源人均占有量低、能源利用率低、能源消耗量大、环境污染严重、能源结构不合理均制约着我国能源的发展利用。因此，我国的能源特点为总量大、人均低、分布广、开发难。表 1-1 为近年来我国能源消费占比及预测。从表中数据可以看出，煤炭和石油等传统的化石能源近期仍然是我国的主要能源消费主体。

表 1-1　近年来我国能源消费占比及预测[1]　　（%）

能源种类	时　间		
	2010 年	2015 年	2020 年
煤炭	69.20	64	58
石油	17.40	18.10	17
天然气	4	5.90	10
非化石能源	9.4	12	15

为了应对煤、石油和天然气等传统化石燃料的开发利用带来的一系列问题，全世界各国都在积极开发可再生能源，例如太阳能、风能、水能等。同时，全球的科研人员也在积极开展新型、清洁、高效的能源利用方式及转换技术的研究。新型能源及能源转换技术不仅能够有效提高能源的利用率，同时还可大幅减少传统能源利用带来的环境污染问题，从而有效解决能源与环境之间日益突出的矛盾。其中，燃料电池技术以其能量转换效率高、环境友好等特点被公认为当前最有前景的能源技术之一，从而成为研究的热点。燃料电池的开发利用对于解决当前形势严峻的能源和环境危机具有非常重要的战略意义。

1.1 燃料电池的发展历史

燃料电池这一概念最早是由英国的著名科学家威廉·罗伯特·格鲁夫（William Robert Grove）（见图 1-1）于 1839 年首先提出[2]。他在研究用 Pt 电极电解稀硫酸的实验过程中发现，当在两个 Pt 电极端分别通入氢气和氧气时，两个 Pt 电极之间会产生大约 1V 的电势差，这就是历史上最早的氢氧燃料电池，后人称之为格鲁夫（Grove）电池，Grove 也被称为“燃料电池之父”。随后，他又发表了数篇关于氢氧气体电池的相关论文。后来，Grove 又研究设计了以一氧化碳、乙烯等作为燃料气体，以空气作为氧化剂气体的燃料电池。

图 1-1 William Robert Grove

尽管当时燃料电池的输出电流非常小，难以具有实际的使用价值。但是，Grove 的研究仍具有非常重要的意义：其一，首次提出以氢气作为燃料电池直接燃料；其二，首次提出了三相反应区的概念。如今，如何有效增加三相反应区的长度，仍然是燃料电池领域的重点研究课题。

显然以氢气作为燃料成本太高，而自然界中最常见的燃料是碳。所以，在 Grove 之后，有许多研究人员对以固体碳直接作为燃料的电池进行了长时间的研究，但最终均未获得成功。主要原因有以下几点：（1）碳很难进行离子化。（2）常温下，电解液中的氧离子与碳反应的速率非常慢。（3）考虑成本原因。该方法需要使用煤或者焦炭，反应过程中会产生炉渣，难以清除，污染电解液。（4）固体物质难以进行连续的输送。

到 1889 年，英国科学家 Mond 和 Langer 两人发明了一种电池装置，以浸有电解质的多孔材料为电池隔膜，以铂黑和金片分别为催化剂和电流收集器，该装置首次被命名为“燃料电池（Fuel Cell）”[3]。该燃料电池装置的电流密度约为 3.4mA/cm^2，电压约为 0.37V。并且，他们首次发现铂化的电极容易被存在于燃料气体中的 CO 所毒化。

1894 年，德国著名物理学家奥斯特·瓦尔德（W. Ostwald）指出，燃料电池的效率不受卡诺循环限制，其能量转化效率要高于热机，其理论对于理解燃料电池的工作原理具有重要的意义[4]。

1896 年，美国科学家 W. W. Jacques 将熔融的 KOH 加入铁桶中作为电解质，插入碳棒作为阳极，不断吹入空气的铁桶作为阴极，100 个这样的电池构成的系统成功运行了数月[5]。

1932 年，英国科学家培根（F. Bacon）以氢气和氧气，以及碱性电解质（27%~37%的 KOH）和金属镍多孔电极，成功制成了第一个碱性燃料电池并获得了专利。Bacon 用金属镍代替铂作为电极，并通过增加温度（200~250℃）和压力（2.7~5.4MPa）来提高金属镍电极的催化活性。由于所使用的金属镍电极为多孔结构，因此有效增大了由气液固三相构成的反应区，获得了较好的输出性能（电流密度 1A/cm^2，电压 0.8V）[6]。

后来，Bacon 把其发明的燃料电池的专利转让给了美国的普拉特-惠特尼飞机公司。20 世纪 60 年代，Bacon 电池经过改进后，成功用于美国宇航局（NASA）的阿波罗（Apollo）宇宙飞船，并实现了人类登上月球的梦想，这一壮举成功掀开了人类对于燃料电池研究的新篇章。因此，Bacon 电池是燃料电池从实验阶段走向试用阶段的标志，具有里程碑式的重要意义。

20 世纪 70 年代初，由于全球石油危机的出现，许多发达国家都将目光转向新能源领域的研究，再次掀起了人们对燃料电池研发的新热潮。到了 20 世纪 70 年代中期，燃料电池技术有了新的发展方向，其研发重点是开发重整技术，把净化后的重整气体作为磷酸盐燃料电池（PAFC）的燃料，碱性燃料电池被磷酸盐燃料电池逐渐取代。1977 年，美国成功建成了首个民用的兆瓦级磷酸盐燃料电池电站。此后，20 世纪 80 年代的熔融碳酸盐燃料电池（MCFC）和 20 世纪 90

年代的固体氧化物燃料电池（SOFC）发展迅速。此外，20世纪90年代，由于新型薄膜制备技术的发展，质子交换膜燃料电池（PEMFC）的发展取得了重大突破[7]。

小型燃料电池由于携带方便，能量密度高，常用作小功率电子设备的替换电源，大型燃料电池由于通过串并联后形成的电源系统供电范围大，常用作汽车驱动电源或电站。目前，各种类型的燃料电池已被广泛应用于航天、海洋开发、工业级交通运输等各方面。特别是近年来，能源短缺与环境问题日益突出，使得燃料电池再次受到人们的广泛关注。

1.2　燃料电池的原理

燃料电池（Fuel Cell）是一种把储存在燃料和氧化剂中的化学能不经过燃烧过程而直接转化为电能的装置，是紧随水力、电力和核能发电之后的第四代新型发电技术[8]。

与传统意义上电池的概念不同，燃料电池仅仅是一种能量转换装置而非能量存储装置，只要燃料和氧化剂能够持续地进行供应，燃料电池就可以连续地工作。但是它又不同于传统的内燃机等能量转换装置，燃料电池可以实现由化学能向电能的直接转换，从而避免中间转换过程所造成的能量损失[9]。

燃料电池的工作原理如图1-2所示。在燃料电池的阳极通入燃料气体，在阴极通入氧化剂气体。燃料气体在阳极上释放出电子，电子经过外电路的传导，到达阴极并与氧化剂气体相结合生成离子。离子通过电解质迁移到阳极上，与燃料气体反应，构成回路，产生电流。燃料电池的阴极和阳极除了起传导电子的作用

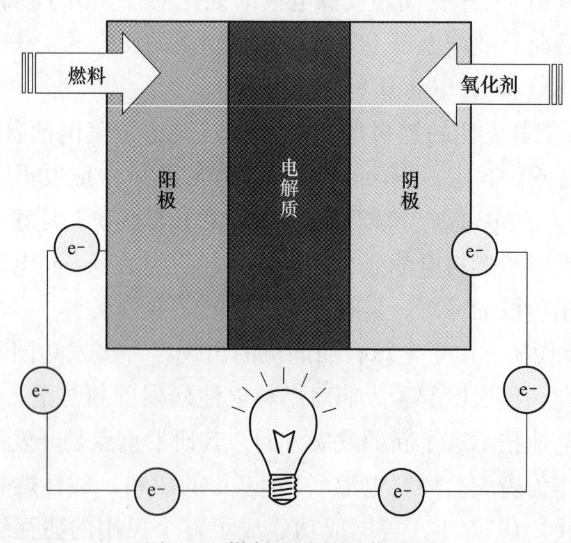

图1-2　燃料电池的工作原理

外，还起到氧化还原反应催化剂的作用。阴极和阳极通常为多孔结构，便于反应气体的通入以及产物的排出。电解质通常为致密结构，起传递离子和分隔燃料气体和氧化剂气体的作用。燃料电池工作时，燃料气体和氧化剂气体由外部供给，因此，原则上只要燃料气体和氧化剂气体不断输入，反应产物不断排除，燃料电池就可以连续地发电。

1.3 燃料电池的分类

燃料电池按其工作温度可以分为高温燃料电池，中温燃料电池和低温燃料电池。按其所使用的电解质类型可以分为以下几种，碱性燃料电池（Alkaline Fuel Cell，简称 AFC）、熔融碳酸盐燃料电池（Molten Carbonate Fuel Cell，简称 MCFC）、磷酸燃料电池（Phosphorous Acid Fuel Cell，简称 PAFC）、质子交换膜燃料电池（Proton Exchange Membrane Fuel Cell，简称 PEMFC）和固体氧化物燃料电池（Solid Oxide Fuel Cell，简称 SOFC）。

1.3.1 碱性燃料电池

碱性燃料电池通常以氢气作为燃料气体，以氢氧化钾或氢氧化钠溶液作为电解液，其中，导电离子为 OH^-。这种电解液效率在 60%~90%，但对 CO_2 等杂质非常敏感，易生成杂质，严重影响电池的性能，因此，需使用纯态的 H_2 和 O_2，其应用被限制在航天及国际工程等领域之内[10]。

碱性燃料电池中的电化学反应方程式分别如下。

（1）阳极反应：

$$H_2 + 2OH^- \longrightarrow 2H_2O + 2e^- \tag{1-1}$$

（2）阴极反应：

$$\frac{1}{2}O_2 + H_2O + 2e^- \longrightarrow 2OH^- \tag{1-2}$$

（3）总反应：

$$\frac{1}{2}O_2 + H_2 \longrightarrow H_2O \tag{1-3}$$

碱性燃料电池中的催化剂通常为贵金属铂、钯、金、银以及过渡金属镍、钴、锰等。

1.3.2 熔融碳酸盐燃料电池

熔融碳酸盐燃料电池属于第二代燃料电池，由于其电解质是一种存在于偏铝酸锂（$LiAlO_2$）陶瓷基膜里的熔融碱金属碳酸盐混合物而得名。熔融碳酸盐燃料电池由以下几部分构成：多孔陶瓷阴极、多孔陶瓷电解质隔膜、多孔金属阳极、金属极板。其电解质是熔融态碳酸盐，通常为碱金属（Li、K、Na）的碳酸盐混合物，其正极和负极分别为添加锂的氧化镍和多孔镍[11]。

熔融碳酸盐燃料电池中的电化学反应方程式分别如下。

（1）阴极反应：

$$O_2 + 2CO_2 + 4e^- \longrightarrow 2CO_3^{2-} \tag{1-4}$$

（2）阳极反应：

$$2H_2 + 2CO_3^{2-} \longrightarrow 2CO_2 + 2H_2O + 4e^- \tag{1-5}$$

（3）总反应：

$$O_2 + 2H_2 \longrightarrow 2H_2O \tag{1-6}$$

熔融碳酸盐燃料电池是一种高温电池（600~700℃），具有效率高（大于40%）、噪声低、无污染、燃料多样化、余热利用价值高和电池材料成本低等诸多优点[12]。

20 世纪 50 年代初，熔融碳酸盐燃料电池由于其可以作为大规模民用发电装置，前景广阔，从而引起了全世界的关注。之后，熔融碳酸盐燃料电池的发展速度非常快。尽管在电池材料、工艺和结构等方面都得有非常大的改进，但是电池的工作寿命并不理想。到了 20 世纪 80 年代，熔融碳酸盐燃料电池被视为实现兆瓦级商品化燃料电池电站的主要研究目标，研发速度日益加快。目前，熔融碳酸盐燃料电池的研发主要集中在美国、日本和西欧等国家和地区，现在已基本接近商品化生产，但由于其制备成本高而未能广泛应用[13]。

1.3.3 磷酸型燃料电池

磷酸燃料电池以磷酸作为电解质，通常位于碳化硅基质中，以贵金属为催化剂。当以氢气为燃料、氧气为氧化剂时，在电池内发生的电化学反应如下。

（1）阳极反应：

$$H_2 \longrightarrow 2H^+ + 2e^- \tag{1-7}$$

（2）阴极反应：

$$O_2 + 4H^+ + 4e^- \longrightarrow 2H_2O \tag{1-8}$$

（3）总反应：

$$O_2 + 2H_2 \longrightarrow 2H_2O \tag{1-9}$$

磷酸燃料电池是一种中低温型燃料电池，其工作温度为 150~220℃，不但具有发电效率高、无污染、燃料适应性强、无噪声、使用场所限制少、电解质稳定、磷酸可浓缩、水蒸气压强低、阳极催化剂不易被 CO 毒化等优点，而且还可以热水形式回收大部分热量，是一种接近商品化的民用燃料电池[14]。

最初磷酸燃料电池的研发是为了控制发电厂的峰谷用电平衡，近年来该类燃料电池的研发侧重于作为向公寓、购物中心、医院、宾馆等提供电力和热能的集中式电力系统[15]。

1.3.4 固体氧化物燃料电池

固体氧化物燃料电池属于第三代燃料电池，是一种在中高温下直接将储存在燃料和氧化剂中的化学能高效、环境友好地转化为电能的全固态化学发电装置。

以重整气（H_2 和 CO）为燃料时，固体氧化物燃料电池内部的电化学反应如下。

（1）阴极反应：

$$O_2 + 4e^- \longrightarrow 2O^{2-} \tag{1-10}$$

（2）阳极反应：

$$H_2 + O^{2-} \longrightarrow H_2O + 2e^- \tag{1-11}$$

$$CO + O^{2-} \longrightarrow CO_2 + 2e^- \tag{1-12}$$

（3）总反应：

$$H_2 + CO + O_2 \longrightarrow CO_2 + H_2O \tag{1-13}$$

固体氧化物燃料电池的应用前景非常广阔，包括家居、商业和工业热电联供、分布式发电、交通运输领域的辅助电源装置，既可作为移动式电源，也可以作为大型车辆的辅助动力源[16]。

1.3.5 质子交换膜燃料电池

质子交换膜燃料电池以固体聚合物膜作为电解质，以铂等贵金属为催化剂。质子交换膜燃料电池中的电化学反应与其他酸性燃料电池相同。当以氢气为燃料，氧气为氧化剂时，在电池内发生的电化学反应如下。

（1）阳极反应：

$$H_2 \longrightarrow 2H^+ + 2e^- \tag{1-14}$$

（2）阴极反应：

$$O_2 + 4H^+ + 4e^- \longrightarrow 2H_2O \tag{1-15}$$

（3）总反应：

$$O_2 + 2H_2 \longrightarrow 2H_2O \tag{1-16}$$

质子交换膜燃料电池发电作为新一代发电技术，其应用前景非常广阔。经过多年的基础研究与应用开发，目前质子交换膜燃料电池作为汽车动力电源的研究已取得实质性进展，微型质子交换膜燃料电池便携电源和小型质子交换膜燃料电池移动电源均已达到了产品化的程度，中型和大型质子交换膜燃料电池发电系统的研发也取得了一定的成果。采用质子交换膜燃料电池将会大大地提高装备及建筑电气系统的供电可靠性，从而使重要的建筑物以市电和备用集中柴油电站供电的方式向市电与中、小型质子交换膜燃料电池发电装置、太阳能发电、风力发电等分散电源联网备用供电的灵活发供电系统转变，这样可以极大地提高建筑物的智能化程度、节能水平以及环保效益[17]。

上述5种类型的燃料电池分类及特性总结见表1-2。

表1-2　燃料电池的分类及特性[8,9,18~20]

电池类型	AFC	MCFC	PAFC	SOFC	PEMFC
电解质	氢氧化钾溶液	熔融碳酸盐	磷酸	固体氧化物	质子交换膜
工作温度/℃	室温~90	620~650	160~220	600~1000	室温~80
燃料	H_2	H_2、天然气、煤气	H_2、天然气	H_2、天然气、煤气	H_2、甲醇
效率/%	60~70	65	55	60~65	40~60
主要应用	航天及特殊地面应用等	区域性供电	分布式电站等	住房能源及发电厂	电动车及潜艇等

综上所述，燃料电池与其他能源装置相比较有它独特的许多优点[21]：

（1）能量的转化效率高。燃料电池不经过燃烧过程而直接将储存于燃料和氧化剂中的化学能转化成为电能，不受卡诺循环的限制，能量的转化效率达40%~60%，如果采用热电联供的方式，可以使其能量转化效率达到80%以上。

（2）清洁无污染。若以 H_2 为燃料，其产物只有水，可实现污染物的零排放。若以碳氢化合物为燃料，其产物也只有水和二氧化碳，并且其二氧化碳的排放量比普通的热机过程要低40%以上，可以非常有效地降低对环境的污染。

（3）构造简单。燃料电池发电系统采用模块化结构，规模及安装地点均可灵活选择，便于维护。

（4）燃料选择性广。燃料电池可选择氢气、煤气、天然气、甲醇、乙醇和液化石油气等多种燃料。

目前，燃料电池领域的研究主要集中在固体氧化物燃料电池（SOFC）和质子交换膜燃料电池（PEMFC），并且这两方面的研究均已取得重大进展，正在向商业化应用的方向发展。

参考文献

[1] 中华人民共和国国家发展改革委，国家能源局．能源发展“十三五”规划．2017.

[2] Grove W. On a New Voltaic Battery, and on Voltaic Combinations and Arrangements [J]. Philosophical Magazine, 1839, 15: 287-293.

[3] Mond L, Langer C. A new form of gas battery [J]. Proceedings of the Royal Society of London,

1889, 46: 296-304.
[4] Minh N Q, Takahashi T. Science and technology of ceramic fuel cells [C]. USA: Elsevier Science, 1995.
[5] 高桥武彦. 燃料电池 [M]. 东京: 共立出版株式会社, 1992.
[6] 王林山, 李瑛. 燃料电池 [M]. 北京: 冶金工业出版社, 2005.
[7] 衣宝廉, 燃料电池——原理、技术、应用 [M]. 北京: 化学工业出版社, 2003.
[8] 衣保廉. 燃料电池: 高效, 环境友好的发电方式 [M]. 北京: 化学工业出版社, 2000.
[9] 毛宗强. 燃料电池 [M]. 北京: 化学工业出版社, 2005.
[10] Bidault F, Brett D J L, Middleton P H, et al. Review of gas diffusion cathodes for alkaline fuel cells [J]. Journal of Power Sources, 2009, 187 (1): 39-48.
[11] Dicks A L. Molten carbonate fuel cells [J]. Current Opinion in Solid State & Materials Science, 2004, 8 (5): 379-383.
[12] 林化新, 周利, 衣宝廉, 等. 千瓦级熔融碳酸盐燃料电池组启动与性能 [J]. 电池, 2003, 33 (3): 142-145.
[13] Watanabe T. Development of molten carbonate fuel cells in Japan and at CRIEPI-application of Li/Na electrolyte [J]. Fuel Cells, 2001, 1 (2): 97-103.
[14] 张纯, 毛宗强. 磷酸燃料电池电站技术的发展、现状和展望电源技术 [J]. 电源技术, 1996, 20 (5): 216-221.
[15] Sammes N, Bove R, Stahl K. Phosphoric acid fuel cells: Fundamentals and applications [J]. Current Opinion in Solid State & Materials Science, 2004, 8 (5): 372-378.
[16] 韩敏芳, 彭苏萍. 固体氧化物燃料电池材料及制备 [M]. 北京: 科学出版社, 2004.
[17] Ellis M W, Von Spakovsky M R, Nelson D J. Fuel cell systems: efficient, flexible energy conversion for the 21st century [J]. Proceedings of the IEEE, 2001, 89 (12): 1808-1818.
[18] Song C. Fuel processing for low-temperature and high-temperature fuel cells: Challenges, and opportunities for sustainable development in the 21st century [J]. Catalysis Today, 2002 (77): 17-49.
[19] Steele B. Material science and engineering: the enabling technology for the commercialisation of fuel cell systems [J]. Journal of Materials Science, 2001 (36): 1053-1068.
[20] Acres G J. Recent advances in fuel cell technology and its applications [J]. Journal of Power Sources, 2001, 100: 60-66.
[21] Minh N Q. Ceramic fuel cells [J]. Journal of the American Ceramic Society, 1993, 76: 563-588.

2　固体氧化物燃料电池

固体氧化物燃料电池（Solid Oxide Fuel Cell，简称 SOFC）是第三代燃料电池，是一种在中高温下可直接将储存在燃料气体和氧化剂中的化学能高效、环境友好地转化成电能的全固态发电装置，被公认为 21 世纪的绿色能源技术，对满足电力需求、缓解能源危机、保护生态环境及保障国家安全都具有重大意义[1]。

2.1　SOFC 的工作原理

SOFC 是一种三明治构型的全固态电池装置，两侧分别为疏松多孔的阳极层和阴极层，中间是致密的电解质层，以氢-氧 SOFC 为例，其工作原理如图 2-1 所示。在阳极一侧通入 H_2，H_2 被具有催化作用的阳极表面吸附，并逐渐扩散至阳极与电解质的界面处，然后 H_2 失去电子被氧化成氢离子。与此同时，在阴极一侧通入 O_2 或空气，氧气分子吸附在疏松多孔的阴极表面，并解离成氧原子，然后氧原子与外电子相结合变成氧离子，氧离子在电解质两侧电位差及浓度差的驱使之下，经过固体电解质中的氧空位逐渐扩散至阳极侧，并与阳极处的氢离子结合生成水和电子，电子通过外电路的循环对负载进行做功，从而完成从储存在燃

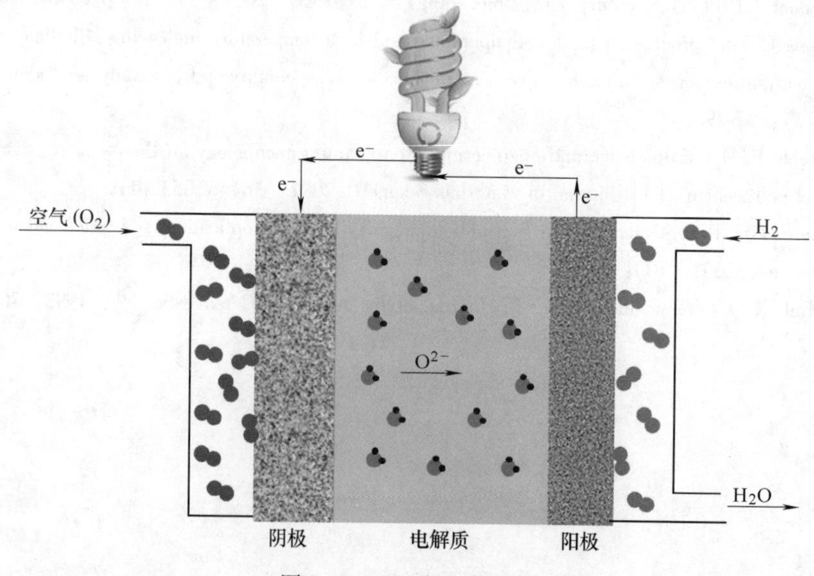

图 2-1　SOFC 的工作原理

料气中的化学能到电能的转换过程[2]。

SOFC 中的电化学反应方程式分别如下。

（1）阳极反应：

$$H_2 + O^{2-} \longrightarrow H_2O + 2e^- \tag{2-1}$$

（2）阴极反应：

$$\frac{1}{2}O_2 + 2e^- \longrightarrow O^{2-} \tag{2-2}$$

（3）总反应：

$$H_2 + \frac{1}{2}O_2 \longrightarrow H_2O \tag{2-3}$$

SOFC 的理论可逆电动势 E 可由式（2-4）所示的 Nernst 方程求得

$$E = E^{\ominus} + \frac{RT}{4F}\ln p_{O_2} + \frac{RT}{2F}\ln\frac{p_{H_2}}{p_{H_2O}} \tag{2-4}$$

式中，$E^{\ominus}$为标准状态下电池的可逆电动势，$E^{\ominus} = \frac{RT}{4F}\ln K^{\ominus}$； R 为摩尔气体常数，其值为 8.314J/(mol·K)； F 为法拉第常数，其值为 9.65×10^4C/mol； T 为电池的工作温度，K；p_{O_2}、p_{H_2} 和 p_{H_2O} 分别为 H_2、O_2 和 H_2O 的蒸汽分压。

在实际工作中电池的电化学反应是不可逆的，因此，SOFC 的实际电动势要低于式（2-4）中的理论可逆电动势 E。SOFC 中电压与电流的关系曲线如图 2-2 所示[3]。开路条件下，SOFC 的电压值略低于其理论电动势 E。当有电流通过时，电极逐渐偏离其平衡态，出现极化过程，分为活化极化、欧姆极化和浓差极化 3 部分。活化极化对应于电极表面非常缓慢的电化学反应过程，其电压与电流的关系曲线呈非线性下降。欧姆极化对应于电极、电解质及各组件的欧姆电阻，其电

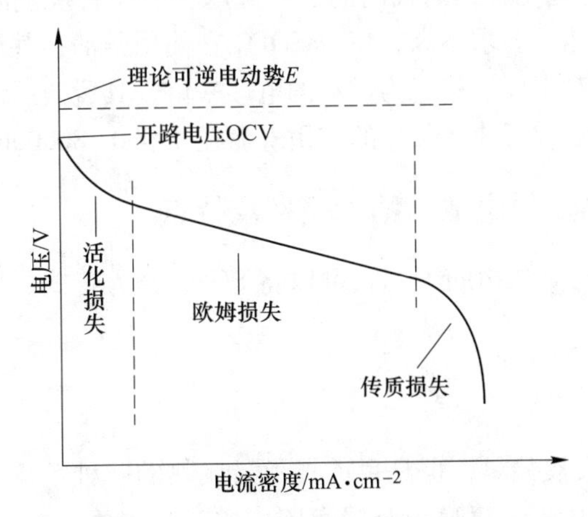

图 2-2　SOFC 中电压与电流的关系曲线

压与电流的关系曲线呈线性变化。浓差极化是由于电极表面物质扩散速度缓慢所造成的一种极化过程，其电压与电流的关系曲线也是非线性下降。在电池的实际工作过程中，极化现象是不能够被完全消除掉的，但是我们可以通过修饰电池的组成材料及改进电池的设计工艺等手段来降低电池中的各种极化损失[4]。

2.2　固体氧化物燃料电池的优点

SOFC属于第三代燃料电池，在大、小型分布式发电站，便携式、移动式电源，以及航天和军事领域有着非常广阔的应用前景，其显著优点表现在以下几个方面[5~7]：

（1）全固态结构。SOFC的3个组成部分，阳极、阴极和电解质均为固体，因此，不存在像酸碱电解质和熔盐电解质的腐蚀问题。

（2）能量效率高。SOFC的能量转换效率能达到65%，若采用热电联产的方式，其效率能达到80%以上。

（3）环境友好。噪声低，氮氧化物或硫氧化物等污染物的排放量为零或极少。

（4）燃料适用范围广。SOFC既可直接使用氢气作为燃料气体，也可以使用煤气、天然气、烃类和甲醇等多种燃料。

（5）不使用贵金属催化。SOFC工作温度高，燃料氧化和电极反应速度快，因此不需要用铂等贵金属进行催化，大大降低了成本。

（6）易于安装和维护。SOFC结构简单，可模块化安装，安装规模和地点可根据实际需要灵活选择，便于维护。

（7）抗毒性好。无论以干H_2、湿H_2、一氧化碳还是它们的混合物为燃料时，SOFC都能很好地工作，而且高的工作温度在一定程度上降低了催化剂中毒的可能性，燃料的纯度要求不高，使得SOFC在使用柴油、甚至煤油等高碳链烃方面极具吸引力。对于以天然气为燃料的电厂来讲，其脱硫系统可完全省去。

（8）使用寿命长。目前SOFC的使用寿命在40000~80000h。

2.3　固体氧化物燃料电池的结构类型及特点

根据SOFC的几何结构的不同，可以将SOFC分为管式、平板式和瓦楞式3种构型。

2.3.1　管式SOFC

管式SOFC是发展最早，也是目前技术最成熟的一种SOFC结构。由多孔支撑管、空气电极、电解质薄膜和金属陶瓷构成。其主要的制备方法有挤压成型法、电化学气相沉积法、喷涂法等，然后经过高温烧结。管式SOFC的突出优点是易于密封和放大以及实现电池堆的集成化设计，但其不足之处是功率密度较低。

管式 SOFC 的结构如图 2-3 所示，为一端封闭的管状，从里到外依次为阴极层、电解质层和阳极层。最内侧的阴极层一般会负载在多孔的管之上，多孔管起到支撑的作用，这样可以降低阴极的厚度，同时还能保证空气在其内自由扩散。空气从电池管的内部通入，燃料气体从外部通入。管式 SOFC 不需要进行密封，且比较容易进行组装，但其制作过程复杂，成本较高[8]。

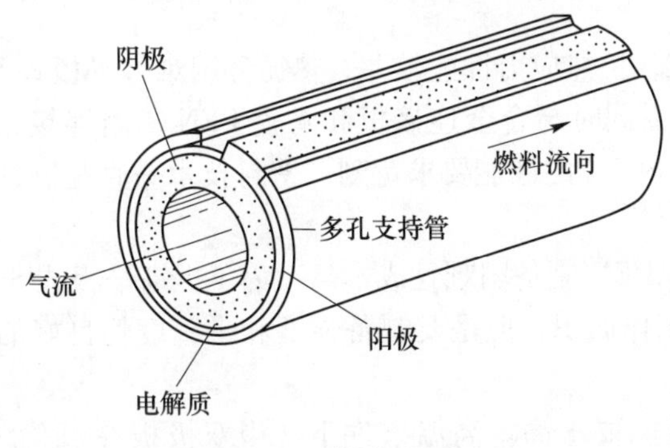

图 2-3 管式 SOFC

2.3.2 平板式 SOFC

平板式 SOFC 的结构如图 2-4 所示，由一系列阳极、电解质和阴极构成的单电池组合而成，这些单电池之间由带有导气槽的双极板相互连接串联而成电池组。平板式 SOFC 的制作主要采用流延法、轧膜法或干压法等方法制备出厚度为 0.1~0.5mm 的致密 YSZ 电解质膜，然后以电解质膜为支撑体进行丝网印刷或浸渍阴极和阳极，经过高温烧结，成为一体，组成“三合一”结构（Positive Electrolyte Negative Plate，简称 PEN）。

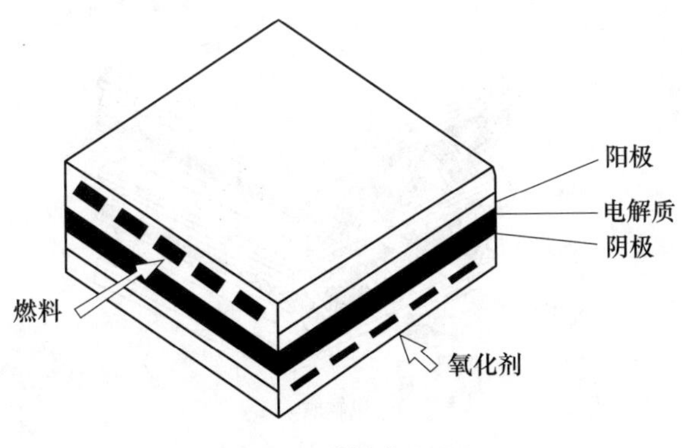

图 2-4 平板式 SOFC

PEN 间由疏导气体沟槽的双极板连接，使之相互串联成电池堆。燃料气体和氧化气体在 PEN 的两侧相互交叉流过。PEN 与双极板之间通常会采用微晶玻璃进行密封，从而形成密闭的氧化气室和还原气室。为了降低电池的内阻，目前常以多孔阴极或阳极作为支撑体进行电池的制作。

与管式 SOFC 比较而言，平板式 SOFC 的 PEN 制备工艺简单，成本低廉。由于集电方向与电池垂直，电流的流经路径短，且收集均匀，因此通常平板式 SOFC 功率密度要高于管式 SOFC。但是，平板式 SOFC 同样存在如下缺点[9]：

（1）密封较难，抗热应力性能较差，热循环困难。平板式 SOFC 在高温加压密封时，密封材料需同时与合金连接板和陶瓷 PEN 黏附连接，以达到气密性的要求。由于平板式 SOFC 的性能要求苛刻，密封技术一直是制约其发展的一个技术难题。

（2）大面积的 PEN 制备困难且成本高。为了提高平板式 SOFC 的输出功率，需要扩大 PEN 的工作面积，但是要制备强度和平整度均良好的大面积陶瓷片非常困难。

（3）双极板性能要求高。高温条件下，当双极板在氧化性气氛中工作时，为了保持其良好的集电性，要求其必须有较好的抗氧化能力、与 PEN 的线膨胀系数要匹配以及化学兼容性要好。

2.3.3　瓦楞式 SOFC

瓦楞式 SOFC 的结构如图 2-5 所示，其最大特点是电池单元为曲折的瓦楞结构，这种构型有效地增加了电极与所通入气体之间的有效接触面积，大大提高了电池的工作效率。其缺点是制作工艺较复杂，且必须一次性烧结成型，对制作技术要求较高[10]。现在比较常用的是管式 SOFC 和平板式 SOFC。

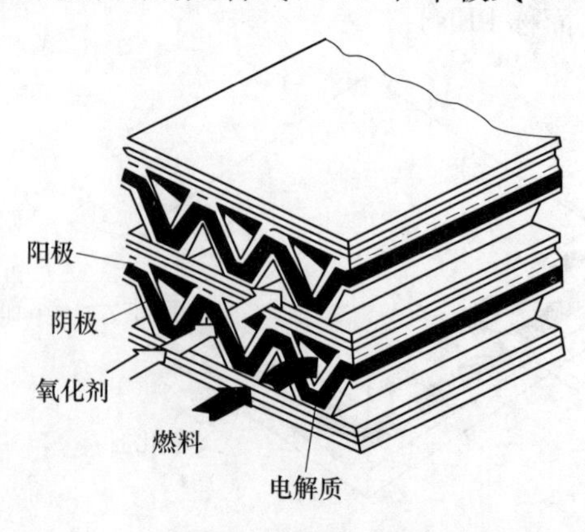

图 2-5　瓦楞式 SOFC

2.4 固体氧化物燃料电池的发展现状

目前，美国、日本和欧洲等发达国家和地区在SOFC研究领域内的资金投入和研究成果产出均处于世界领先水平。美国的西屋公司（Westinghouse）是世界上最早开始研究管式SOFC的公司，早在1986年就已制造出了世界上第一台千瓦级的管式SOFC电池堆，并成功运行数千小时，性能非常稳定[11]。1992年，该公司又制造出25kW级的管式SOFC。到1997年，西屋公司又把SOFC电池堆的规模提高到了150kW，并成功进行了商业化应用。德国的西门子公司（Siemens）成功制造了以天然气为燃料的千瓦级的管式SOFC，效率高达53%。日本在“月光计划”的支持之下，全国很多大公司及科研机构都加入了SOFC的研究行列，例如，东京电力公司、三菱重工等在SOFC领域内的研究均取得了非常优秀的成果[12]。2010年，美国的Bloom Energy公司宣布推出100kW级的商业化SOFC系统[13]。2013年，日本京瓷公司（KYOCERA）将规模为700W级的家用SOFC系统推向了市场。

我国虽然在SOFC方面的研究起步比较晚，但是随着近年来国家对新能源领域的资金和技术投入的加大，国内的许多高校和科研院所在SOFC方面的研究均取得了非常大的进展。

中国科学院上海硅酸盐研究所早在20世纪90年代就在国内率先开展了SOFC相关的研究工作。2011年，该研究所完成了200W级的SOFC独立发电系统的概念验证。宁波材料所是目前国内最大的SOFC研发机构，有着多年的SOFC粉末、单电池、电堆等相关产品的研发和生产经验，在国内建立了第一个平板式SOFC单电池生产线，年产量达20000片，客户遍及北美、欧洲、亚洲等地区。近年来，该研究所又成功研发了以天然气为燃料的1kW级的自热式独立发电系统，迈出了从实验室走向市场的关键一步。该系统在20A恒流放电时，可连续稳定地输出约780W的电能，最高放电功率约为870W，最大发电效率为43%，与美日等燃料电池公司报道的平均发电效率相当，达到世界先进水平。

2015年，华中科技大学的燃料电池中心自主研制的5kW级SOFC独立发电系统通过了科技部专家组的技术验收。该发电系统的发电效率达46.5%，采用热电联供的方式，能量利用率可达79.7%，其中所采用的单电池输出功率密度高达1.2W/cm^2，而衰减速率仅为每千小时0.41%，达到国际先进水平。

虽然我国在SOFC研究领域内部分研究成果达到国际领先水平，但是整体来看，我国的SOFC技术与美国、日本和欧洲等发达国家和地区仍然存在着一定差距，要实现SOFC的大规模商业化应用任重道远，需要我们继续加大研发力度和资金投入。

2.5 固体氧化物燃料电池的组成材料

SOFC 是一种全固态的能量转换装置，主要由电解质、阳极、阴极以及连接材料和密封材料等组成。下面我们分别介绍一下各组成部分的特性及对相应材料的要求。

2.5.1 SOFC 电解质材料

在 SOFC 中，电解质层的主要作用是传导氧离子和阻隔燃料气体和氧化剂气体。SOFC 中对于电解质材料的基本要求如下[14]：

（1）导电性。电解质材料要求在氧化和还原性气氛中均具有较高的离子电导率，并且电子电导率要尽可能低，从而保证氧离子或氢离子通过电解质层传输，而电子只通过外电路进行传输。

（2）物理兼容性。是指电解质材料与电极等其他电池组件的线膨胀系数要匹配，从而保证 SOFC 系统运行时的结构稳定性。

（3）化学兼容性。是指电解质材料本身在氧化性和还原性气氛中均具有良好的化学稳定性并且与电池中的阳极和阴极等其他组件也不发生化学反应，从而保证 SOFC 系统运行时各组件的化学稳定性。

（4）致密性。电解质材料一般需经过高温烧结成致密的陶瓷片，致密性越高越好，从而既能保证氧离子或氢离子在其内有较高的传输效率又能有效地阻隔燃料气体和氧化气体。

2.5.2 SOFC 阳极材料

SOFC 中阳极的主要作用是为燃料的电化学氧化提供反应场所并把燃料氧化过程中释放的电子转移至外电路中，因此 SOFC 中阳极材料应具备以下几个特点[15]：

（1）具有较高的电子电导率，将燃料氧化产生的电子转移至外电路。

（2）还原性气氛下具有较高的稳定性。

（3）具有一定的孔隙率，保证足够的三相界面和燃料气体的扩散。

（4）对燃料气体具有良好的电化学催化活性。

（5）与电解质材料具有良好的物理和化学兼容性。

此外，当使用碳氢化合物作为 SOFC 燃料时，其阳极还应具备一定的抗硫和抗积碳能力[16]。

2.5.3 SOFC 阴极材料

SOFC 中阴极的主要作用是为氧化剂的电化学还原过程提供反应场所，阴极材料应具备以下特点[17~19]：

（1）具有较高的电子电导率，降低电池的内阻损耗，提高电池的输出性能。另外，阴极材料还应具备一定的离子电导率，能够将在阴极处产生的氧离子传输至电解质。

（2）阴极材料在氧化性的气氛中应具有较高的稳定性。

（3）具有一定的孔隙率，保证足够的三相界面和燃料气体的扩散。

（4）对氧化剂气体具有良好的电化学催化活性。

（5）与电解质材料具有良好的物理和化学兼容性。

2.5.4 SOFC 连接材料

在实际应用中，SOFC 单电池的输出功率通常无法满足人们的需求，因此，需要将多个 SOFC 单电池组装成电池堆，从而得到较大功率的输出。在电池堆的制作过程中需要用连接材料将一个单电池的阳极与另一个单电池的阴极连接起来。连接材料的主要作用是使多个单电池连接起来，同时将电池堆内的燃料气体和氧化气体隔离开。SOFC 电池堆中的连接材料应具备以下几个特性[20~22]：

（1）电子电导率要高，离子电导率要低。

（2）在燃料气体和氧化气体中均有较高的稳定性。

（3）与电池中的其他组件有良好的物理和化学匹配性。

（4）具有较高的致密性和机械强度。

SOFC 中电解质、阳极和阴极等基本组成元件是固体氧化物燃料电池的基础，这些基本元件的作用和性质不同，每一个组成部分的性能对整个电池的输出性能影响都是至关重要的，对已有的电解质、阳极和阴极等材料性能的改进以及新材料的研发一直是 SOFC 领域的研究重点。下面分别介绍 SOFC 中阳极、电解质和阴极材料的研究现状。

2.6 SOFC 阳极材料的研究现状

2.6.1 Ni 基阳极材料

金属 Ni 因其催化活性高、价格低等特点被广泛应用于 SOFC 阳极材料中。但是金属 Ni 与 YSZ 等常用电解质材料的线膨胀系数匹配差，易出现开裂脱落的现象[23]。

为了解决金属 Ni 与电解质材料线膨胀系数不匹配的问题，通常将金属 Ni 与 YSZ 进行复合，形成 Ni/YSZ 复合阳极。这样既可以有效地解决烧结和使用过程中阳极与电解质材料的线膨胀系数不匹配的问题，还能增加材料中三相界面的长度，从而增加燃料气体在阳极进行电化学氧化的活性位点[24]。

但是，Ni/YSZ 复合阳极虽然在以 H_2 为燃料的 SOFC 中被广泛应用，但是它还存在一些缺点，例如，长时间高温下运行，Ni 颗粒会长大，从而导致其电化学性能的降低。Jiao 等[25]经过研究发现，Ni/YSZ 阳极在运行 250h 后，Ni 的形貌发生了非常明显的变化，其比表面积下降了 17.9%，极化电阻也由 $0.54\Omega \cdot cm^2$ 增加至 $1.82\Omega \cdot cm^2$。另外，因 Ni 对碳氢化合物的裂解具有良好的催化作用，而碳是裂解反应的一个主要产物。所以，当以碳氢化合物作为燃料时，碳氢化合物裂解产生的碳会沉积在 Ni 的表面，从而造成其性能的迅速衰减。

研究发现，用金属 Cu 部分或全部取代 Ni/YSZ 复合阳极中的金属 Ni 可以非常有效地避免碳沉积问题。例如，Cracium R 等[26]用 Cu 取代 Ni 后，制备的 Cu/YSZ 阳极性能稳定，用此阳极制作的电池，其输出功率密度为 $50mW/cm^2$，电流密度为 $210mA/cm^2$。

2.6.2 CeO_2 基阳极材料

除了 Cu/YSZ 复合阳极之外，人们还研究了 Cu/CeO_2 复合阳极材料。例如雷泽等[27]对采用 Cu/CeO_2 复合阳极材料的 SOFC 进行了性能测试，结果表明，在 650℃时，以 H_2 和 CH_4 为燃料得到的电池输出功率密度分别为 $0.29W/cm^2$ 和 $0.09W/cm^2$，当温度升至 700℃时，电池输出功率密度分别为 $0.48W/cm^2$ 和 $0.21W/cm^2$。Gorte 等[28,29]在 $Cu-CeO_2/YSZ$ 复合阳极材料方面进行了大量研究工作。以 H_2 为燃料时得到的电池最大功率密度为 $300mW/cm^2$，当以碳氢化合物作为燃料时，得到的电池最大功率密度是 $100 \sim 120mW/cm^2$。在 $Cu-CeO_2/YSZ$ 阳极材料中，Cu 对碳氢化合物没有催化作用，仅起到导电的作用。而 CeO_2 不仅对碳氢化合物具有良好的催化作用，同时还能增加阳极的电子电导率和离子电导率[30,31]。另外，研究表明用 Gd 和 Sm 等镧系元素对 CeO_2 进行掺杂，不但可以提高 CeO_2 基材料的离子电导率，而且还能有效地抑制阳极的积碳问题[32]。

2.6.3 钙钛矿型阳极材料

对于 SOFC 阳极的研究，主要目标是找到对 H_2 等燃料气体具有较高的催化活性，并且具有一定电子电导率和离子电导率，同时还能够抗硫和碳的材料。近年来，一些钙钛矿型的氧化物，因其在还原性气氛中具有一定的电子电导率和离子电导率并且对碳氢化合物具有一定的催化活性而被认为是 SOFC 阳极的潜在应用材料。例如，$SrTiO_3$ 基、$LaCrO_3$ 基和 Sr_2MgMoO_6 基等一系列钙钛矿型氧化物被人们广泛研究，这些钙钛矿型的氧化物作为 SOFC 阳极材料均表现出了良好的性能[33]。

$SrTiO_3$ 基系列钙钛矿型阳极材料中由于存在 Ti^{4+} 向 Ti^{3+} 的转变，使其具有一定的电子电导。研究表明，用 La 和 Mn 分别在 Sr 位和 Ti 位进行掺杂后可有效提高此类阳极材料的性能[34]。例如，$La_{0.4}Sr_{0.6}Ti_{0.4}Mn_{0.6}O_3$ 阳极材料在 810℃时的

CH_4气氛中，其极化电阻仅为 0.82Ω · cm^2[35]。

据 Tao 等[36]报道，Fe 和 Mn 共掺杂的 $LaCrO_3$ 对甲烷重整具有良好的催化性能。在 900℃时，$La_{0.75}Sr_{0.25}Cr_{0.5}Mn_{0.5}O_3$ 在 CH_4 和 H_2 气氛中的极化电阻分别为 0.85Ω · cm^2 和 0.26Ω · cm^2，与 Ni/YSZ 阳极的电化学性能相近。Huang 等[37~39]的研究表明，$Sr_2Mg_{1-x}Mn_xMoO_6$ 作为 SOFC 阴极材料表现出了良好的稳定性和耐硫性。另外，还有研究表明，$Sr_2Fe_{2-x}Mo_xO_6$、$Pr_{0.4}Sr_{0.6}Co_{0.2}Fe_{0.7}Nb_{0.1}O_3$ 等钙钛矿型氧化物作为 SOFC 的阳极时也均表现出良好的抗硫和碳的性能[40]。

2.7 SOFC 电解质材料的研究现状

SOFC 中常见的固体电解质材料主要分为以下几类：ZrO_2基、CeO_2基、Bi_2O_3基、$LaGaO_3$ 基和复合型固体电解质材料。下面依次介绍这几类固体电解质材料的发展现状。

2.7.1 ZrO_2 基电解质材料

ZrO_2 属于萤石结构的化合物，其晶体结构如图 2-6 所示。其中，Zr^{4+}离子以立方面心排列，而 O^{2-}离子位于四面体的间隙位置。掺杂 ZrO_2 是研究最早和目前应用最广泛的固体电解质材料。纯 ZrO_2 在 1100℃时存在由单斜向四方的相转变过程，会产生很大的体积变化，难以烧结成致密的陶瓷体，但用 Ca^{2+}和 Y^{3+}等离子进行掺杂后，不但在低温下即可获得稳定的结构，而且还能大幅提高材料中的氧空位浓度，增加其离子电导率[41]。

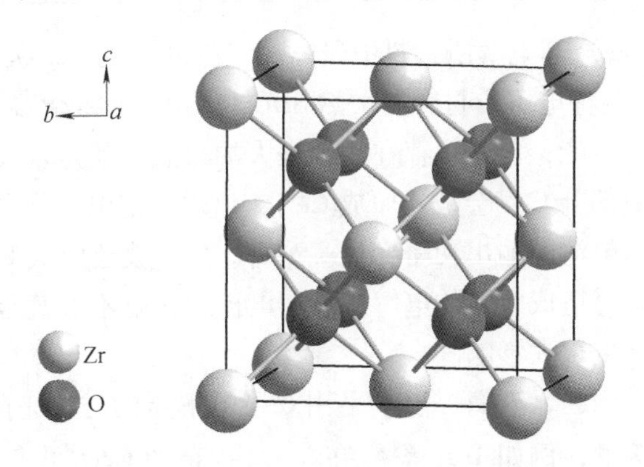

图 2-6 萤石结构 ZrO_2 的晶体结构

Y_2O_3 稳定的 ZrO_2(YSZ) 是目前应用最为广泛的固体电解质材料之一。研究表明，当 Y_2O_3 的掺杂量（摩尔分数）为 8%时，其离子电导率达到最大值，1000℃ 时为 0.164S/cm。当 Y_2O_3 的掺杂量（摩尔分数）高于 8%后，YSZ 的离子电导率又开始逐渐降低，主要是由于过量掺杂导致材料中的缺陷缔合，降低了氧空位的迁移率。YSZ 电解质材料虽然在高温下有高的氧离子电导率，高的稳定性和机械强度等优点，但是，在中温区范围内，YSZ 的离子电导率仅有 0.001～0.003S/cm，无法满足中温 SOFC 的使用要求[42]。因此，目前 YSZ 电解质材料还仅适用于高温 SOFC，而对于中低温 SOFC 来说并不适用。

2.7.2　CeO_2 基电解质材料

CeO_2 同 YSZ 一样也属于萤石结构的化合物。纯的 CeO_2 的离子电导率很低，在 600℃约为 10^{-5} S/cm，而对其用低价阳离子进行掺杂后，可大大提高其离子电导率。掺杂 CeO_2 的离子电导率与掺杂离子的半径以及掺杂浓度有关，表 2-1 总结了 800℃下用不同氧化物进行掺杂时 CeO_2 基材料的离子电导率。

表 2-1　掺杂 CeO_2 基电解质材料在 800℃时的离子电导率及活化能[43]

掺杂物	掺杂量（摩尔分数）/%	电导率/ $S \cdot cm^{-1}$	活化能/$kJ \cdot mol^{-1}$
La_2O_3	10	2.0×10^{-2}	
Sm_2O_3	20	11.7×10^{-2}	49
Gd_2O_3	20	8.3×10^{-2}	44
Y_2O_3	20	5.5×10^{-2}	26
CaO	10	3.5×10^{-2}	88
SrO	10	5.0×10^{-2}	77

目前，掺杂 CeO_2 基电解质材料中研究最多的就是用 Sm_2O_3 和 Gd_2O_3 进行掺杂的 SDC 和 GDC 两种电解质材料。虽然 SDC 和 GDC 等掺杂 CeO_2 固体电解质材料具有很多良好的性能，但是也存在一个很大的缺点，就是当其处于还原性的气氛中时，电解质中部分 Ce^{4+} 会被还原成 Ce^{3+}，出现一定电子导电现象，进而降低电池的开路电压和电池的输出功率密度。另外，Ce^{4+} 被还原成 Ce^{3+} 的同时，还会造成晶格膨胀，容易造成电池的电解质层与电极层接触不好甚至开裂，对电池的输出性能同样会产生很大影响。

为了解决这一问题，人们提出了采用双层电解质的方法来阻止 CeO_2 基电解质与还原性气氛接触，例如 Tsai 等[44] 在 Y_2O_3 掺杂的 CeO_2 电解质材料的一侧溅射上一层厚约 1μm 的 YSZ 薄膜。对使用此双层电解质的 SOFC 进行性能测试，结果表明，在 600℃时，其开路电压能达到理论值的 98%，电池的最大输出功率密度能达到 210mW/cm^2，比同一温度下采用纯 YSZ 作为电解质的 SOFC 的输出功率密度高一倍。

表 2-2 总结了文献中报道的一些以 SDC 和 GDC 为电解质的 SOFC 的性能。

表 2-2 一些使用 SDC 和 GDC 电解质的 SOFC 性能总结

电解质	阳极	阴极	工作温度 /℃	开路电压 /V	功率密度 /mW · cm^{-2}	参考文献
SDC	Ni/SDC	SSC	500	0.85	120	[45]
SDC	Ni/SDC	BSCF	600	0.88	1010	[46]
SDC	Ni/SDC	LSCF	600	0.85	815	[47]
GDC	Ni/GDC	SSC	500	0.88	150	[48]
GDC	Ni/GDC	BSCF	500	0.98	454	[49]

2.7.3 Bi_2O_3 基电解质材料

Bi_2O_3 同样也属于萤石结构的氧合物，是萤石结构的化合物中离子电导率最高的一种氧化物，其电导率比 YSZ 要高两个数量级，并且其制备温度低，易于烧结成致密的陶瓷。纯的 Bi_2O_3 存在 α 型和 δ 型两种晶型。Bi_2O_3 在 730℃以下为单斜结构的 α 型，是 P 型半导体，导电能力较差。在 730℃时，Bi_2O_3 会由 α 型向 δ 型进行转变。δ 型 Bi_2O_3 是面心立方萤石结构，存在 25%的阴离子空位，当温度接近其熔点（825℃）时，其离子电导率可达到 1.0S/cm，比纯的 CeO_2 的离子电导率要高一个数量级。Bi_2O_3除了具有离子导电的优势之外，还对氧气的分离反应有较好的催化活性，有利于氧气的迁移过程，从而提高材料的氧离子导电性。

尽管 δ 型 Bi_2O_3具有优越的离子导电性，但是其 δ 型只能稳定存在于 730℃至熔点之间很小的范围内，并且其相变过中会伴随着体积变化而产生机械应力，从而使得纯的 Bi_2O_3 在实际应用中受到了限制。因此，科研人员通过阳离子的掺杂取代使具有高电导的 δ 型在相变温度以下也是稳定的。

当在 α 型 Bi_2O_3 中掺入一定量金属氧化物后，可以在较低的温度下就形成稳定的 δ 型 Bi_2O_3。若掺杂离子是半径较小的金属离子（+3、+5 或+6 价的离子），可形成面心立方结构。若掺杂离子为半径较大的金属离子（+2 或+3 价的离子），会形成菱形结构。但是，无论哪种结构，稳定的 Bi_2O_3 均具有非常高的离子电导率[50]。

Y 和稀土元素掺杂的 Bi_2O_3 体系得到了广泛的研究，表 2-3 总结了部分 Bi_2O_3-M_2O_3(M=Y 和稀土元素）体系的离子电导率。

表 2-3 部分 Bi_2O_3-M_2O_3 体系的离子电导率[51~56]

掺杂氧化物	M_2O_3 的含量（摩尔分数）/%	电导率/S · cm^{-1}	
		500℃	700℃
Y_2O_3	20	0.80×10^{-2}	50×10^{-2}
La_2O_3	15	0.20×10^{-2}	75.0×10^{-2}

续表 2-3

掺杂氧化物	M_2O_3 的含量（摩尔分数）/%	电导率/$S \cdot cm^{-1}$	
		500℃	700℃
Nd_2O_3	10	0.30×10^{-2}	85×10^{-2}
Gd_2O_3	14	0.11×10^{-2}	12.0×10^{-2}
Dy_2O_3	28.5	0.71×10^{-2}	14.4×10^{-2}
Er_2O_3	20	0.23×10^{-2}	37.0×10^{-2}

虽然稳定的 Bi_2O_3 基电解质材料具有非常高的离子电导率，但是研究表明这类电解质材料对氧压十分敏感，低氧压下很不稳定，Bi^{3+} 易被还原，需要在其一侧增加保护层来使用，增加了制作工艺复杂程度和成本，实用性不是特别高。

2.7.4　$LaGaO_3$ 基电解质材料

除了萤石结构的 ZrO_2 基、CeO_2 基和 Bi_2O_3 基的固体电解质材料，钙钛矿结构的掺杂 $LaGaO_3$ 基化合物作为 SOFC 的电解质材料也受到了人们的广泛关注。在室温下，纯的 $LaGaO_3$ 为正交晶系，通过对其进行离子掺杂，可以提高其离子电导率。研究表明，当用不同的碱土阳离子对 La 位进行掺杂时，其电导率的递增顺序为：Sr >Ba >Ca，因此，对于 $LaGaO_3$ 基电解质材料来说，用 Sr 对 La 位进行掺杂最合适。虽然在理论上 Sr 掺杂量的增加能够提高氧空位的含量，从而提高材料的离子电导率，但是由于 Sr 和 La 两者的固溶度比较低，当 Sr 的掺杂量（摩尔分数）高于 10%时，便会有第二相产生，因此，仅仅通过 Sr 的掺杂来提高材料的离子电导是非常有限的[57]。

由于 $LaGaO_3$ 属于钙钛矿结构，因此除了对 La 位进行掺杂外，还可以在 Ga 位进行掺杂。大量的研究表明，Ga 位掺杂 Mg 可显著提高其离子电导率。当 Mg 的掺杂量（摩尔分数）达到 20%时，材料的离子电导率最高。因 Mg^{2+} 的离子半径比 Ga^{3+} 要大，所以当 Mg^{2+} 进入晶格后，会使材料的晶格点阵常数增大，从而使 Sr 在 $LaGaO_3$ 中的固溶度由 10%增加到 20%[58]。

自从 Sr^{2+} 和 Mg^{2+} 共掺的 $LaGaO_3$(LSGM) 被报道以来，便受到了人们的广泛关注。Feng 等[59] 对 Sr^{2+} 和 Mg^{2+} 共掺的 $LaGaO_3$ 进行了研究，结果表明 $La_{0.9}Sr_{0.1}Ga_{0.8}Mg_{0.2}O_{2.82}$ 的离子电导率在 750℃ 时接近 0.1S/cm。Huang 等[60] 报道了组分为 $La_{0.8}Sr_{0.2}Ga_{0.83}Mg_{0.17}O_{2.815}$ 的电解质材料在 800℃ 时的离子电导率为 0.17S/cm，远高于该温度下的 YSZ 和掺杂 CeO_2 基的电解质材料的离子电导率。Ishihara 等[61] 对 $(La_{0.9}Ln_{0.1})_{0.8}Sr_{0.2}Ga_{0.8}Mg_{0.2}O_{3-\delta}$(Ln = Y、Nd、Sm、Gd 和 Yb) 这一体系进行了系统地研究，结果发现材料的离子电导率按如下顺序递增：Y <Yb <Gd <Sm <Nd。这是由于随着掺杂离子的半径逐渐减小，使得容忍因子的值逐渐偏

离理想的立方钙钛矿，进而降低了氧离子的迁移性。研究发现组分为（$La_{0.9}Nd_{0.1}$）$_{0.8}$ $Sr_{0.2}Ga_{0.8}Mg_{0.2}O_{3-\delta}$的材料其性能最佳，在La位掺杂少量的Nd之后可抑制在高氧分压时出现的空穴传导。在725~1000℃，10^{-21}~1atm（1atm=101325Pa）的氧分压范围内，这种材料表现出纯的氧离子导电的特征，例如，在950℃时，其离子电导率高达0.5S/cm。后来又有研究报道称在LSGM的Mg位引入少量Fe、Co和Ni等过渡金属，可进一步提高材料的离子电导率[62~64]。Ishihara等[65]对用Co掺杂的LSGM作为电解质材料，Ni和SSC分别作为阳极和阴极的SOFC进行性能测试，结果表明，在600℃和800℃时电池的最大输出功率密度分别为500mW/cm^2和1530mW/cm^2，明显高于相同温度下以YSZ为电解质的SOFC的输出功率密度。

虽然，LSGM系列SOFC固体电解质材料具有较高的离子电导率等优势，但是同时也存在一些缺点。例如，在高温下，LSGM的稳定性比较差。研究表明，LSGM在1000℃的还原性气氛下Ga会挥发导致杂相产生，进而影响电池的输出性能。另外，在电解质的薄膜化方面，LSGM材料比YSZ和掺杂CeO_2基等SOFC固体电解质材料更加困难，从而限制了其大规模应用。

除了上述萤石结构和钙钛矿结构的氧化物之外，一些新型的氧化物体系也受到了人们的广泛关注，例如，$Ba_2In_2O_5$[66]、$La_2Zr_2O_7$[67]、$La_2Mo_2O_9$[68]、$M_{10}(XO_4)_6O_{2+y}$（M=稀土或碱土元素，X=Si和Ge）[69]和$Ca_{12}Al_{14}O_{33}$[70]等。虽然这些材料作为SOFC电解质材料具有一定的潜质，但也都存在一些制约其应用的问题，因此需要进一步深入研究，提高材料的性能。

2.7.5 复合电解质材料

2001年，Zhu等[71]首次报道了GDC-碳酸盐复合物作为SOFC的电解质材料的相关研究，在600℃时得到的电池输出功率密度为580mW/cm^2。从此，CeO_2基-碳酸盐复合电解质材料得到了SOFC领域内研究者的广泛关注。在这种复合电解质材料中，掺杂CeO_2基电解质（SDC、GDC和YDC等）材料为主相，碳酸盐均匀分散在主相之中。其中，所使用的碳酸盐包括单组分碳酸盐（Li_2CO_3、Na_2CO_3和K_2CO_3等）、二元的碳酸盐（Li/$NaCO_3$、Li/KCO_3和K/$NaCO_3$等）和三元的碳酸盐（Li/Na/KCO_3等）。研究表明，这类复合电解质材料比传统的单相电解质材料的离子电导率高1~2个数量级。图2-7为CeO_2基-无机盐复合电解质与传统的SOFC电解质材料YSZ及GDC的电导率对比图。

表2-4中列举了部分文献中报道的CeO_2基-碳酸盐复合电解质的离子电导率和相应的SOFC的电池输出功率密度，从表中的数据可以看出，复合电解质的离子电导率和电池的输出性能与掺杂CeO_2和碳酸盐的种类及掺杂比例有很大关系。另外，一些研究表明，制备工艺对复合电解质的性能也有很大的影响。例如，Huang等[72]通过两种不同方法（甘氨酸-硝酸盐法和草酸盐共沉淀法）制备了

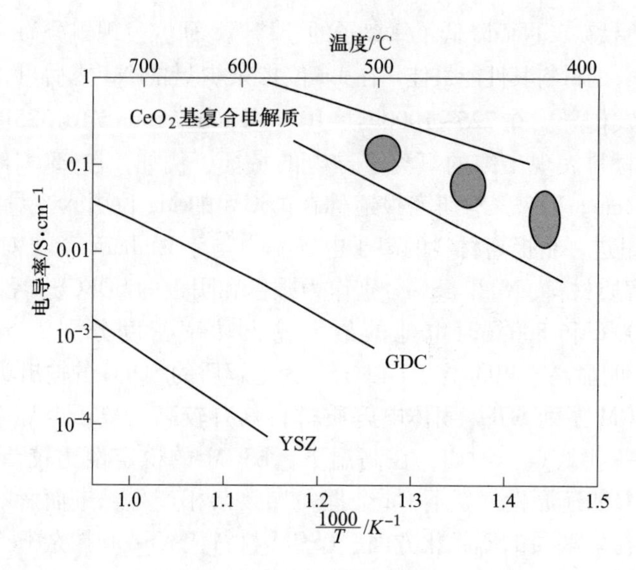

图 2-7 CeO_2 基-无机盐复合电解质与 YSZ 和 GDC 的电导率对比

SDC，并对 SDC-碳酸盐复合电解质的电导率和相应的 SOFC 的电池输出性能进行了测试，结果表明，由草酸盐共沉淀法制备的 SDC 应用于复合电解质后的电导率较高，其对应的 SOFC 单电池的输出功率也更高。Tang 等[73]对不同颗粒尺寸的 SDC 和碳酸盐组成的复合电解质进行了研究，结果发现，颗粒尺寸越小的复合电解质其电导活化能越低。Xia 等[74]研究了烧结温度对 CeO_2 基-碳酸盐复合电解质性能的影响，结果表明在 675℃烧结后的复合电解质颗粒间接触最紧密，其电导率也最高，这说明复合电解质中两相间的界面结构对电解质的性能有很大的影响。

表 2-4 部分 CeO_2 基-碳酸盐复合电解质的离子电导率和电池输出功率密度

掺杂 CeO_2	碳酸盐	掺杂量（质量分数）/%	工作温度 /℃	电导率 /S·cm⁻¹	输出功率 /mW·cm⁻²	参考文献
GYDC	Li/Na_2CO_3	40	400~650	3×10^{-4}~0.4	150~670	[75]
SDC	$Li/Na/K_2CO_3$	30	500~650	0.05~0.07	100~720	[76]
SDC	Li/Na_2CO_3	30	500~650	0.1~0.16	300~1700	[77]
SDC	Li/Na_2CO_3	20	500~600	0.071~0.093	450~600	[78]
SDC	Li/K_2CO_3	20	500~600	0.067~0.092	300~550	[78]
SDC	Na/K_2CO_3	20	500~600	0.044~0.083	270~550	[78]
CSDC	Na_2CO_3		350~560	0.1~0.3	200~980	[79]
GDC	Li/Na_2CO_3	25	450~550	5×10^{-4}~0.17	45~92	[80]

近年来，CeO_2 基-碳酸盐复合电解质中离子的传导机制成为人们研究的重

点。研究者们普遍认为在复合电解质中存在 H^+ 和 O^{2-} 的共同传导，但是何种离子传导占主导，目前还没有统一的定论。Di 等[81]采用浓差电池对 SDC-Li/$NaCO_3$ 复合电解质进行了研究，结果发现 O^{2-} 的迁移数要高于 H^+。而 Huang 等[82]在对 SDC-Li/$NaCO_3$ 复合电解质研究时却发现，电池在阴极处反应生成的水的量要远高于在阳极处产生的水量，推测出在复合电解质中 H^+ 传导占主导的结论。2006 年，Zhu 等[83]在报道中对复合电解质中的离子传导机制进行了阐述，认为复合电解质中的离子传导与两相界面间的耦合作用有关。在两相界面处，缺陷浓度很高为离子的传输提供了有效的路径，这与“空间电荷层”的理论很相似，两相界面处的电荷效应使得 O^{2-} 的迁移活化能降低，从而加速了复合电解质中 O^{2-} 的传导。掺杂 CeO_2 基材料的主相中存在大量的氧空位，对 O^{2-} 的传导起到主要作用，而 H^+ 的传导则主要发生在碳酸盐相及两相界面处。2011 年，Wang 等[84]提出了在 SDC-Na_2CO_3 复合电解质中 H^+ 传导的“摇摆模型（Swing Model）”，如图 2-8 所示。

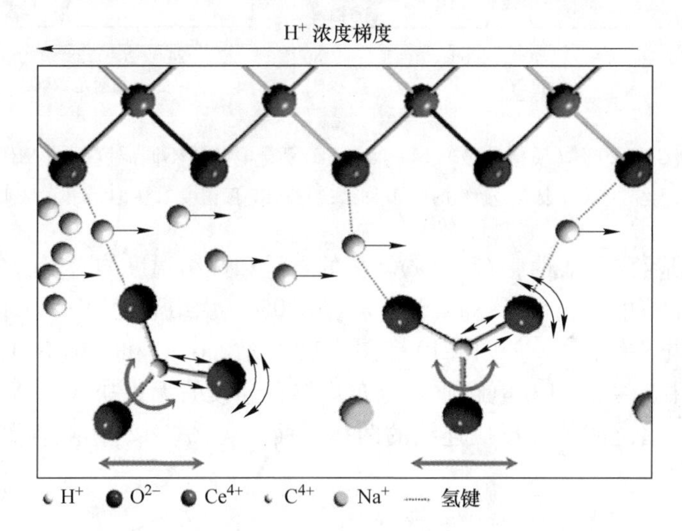

图 2-8　SDC-Na_2CO_3 复合电解质中 H^+ 传导的“摇摆模型”

两相界面处，H^+ 可与 CeO_2 及 CO_3^{2-} 中的氧结合形成氢键，随着温度的上升，CO_3^{2-} 的旋转振动以及 C—O 键的伸缩振动不断加强，O—H 键的成键和断键的速率也随之增加，H^+ 会在浓度梯度的作用下，借助于 CO_3^{2-} 的旋转，依次与相邻的氧不断地进行成键和断键，从而实现其从阳极向阴极的传导过程。还有研究者认为，H^+ 的传导是通过其与 CO_3^{2-} 相结合生成的 HCO_3^- 在复合电解质中的碳酸盐体相内进行传输而实现的[85]。另外，Ferreira 等[86]通过其研究发现 Li_2CO_3 与 H_2O 会发生化学反应，在两相界面处生成 LiOH，从而对 H^+ 的传导起到了很大的促进作用。

众所周知，与碳酸盐相比较，硫酸盐具有更高的热稳定性和电导率[87]。Yao 等[88]对 Gd 掺杂的 CeO_2 固体电解质 GDC 和 $(Li/Na)_2SO_4$ 组成的复合电解质进行了系统研究。XRD 测试结果表明，复合电解质中硫酸盐的衍射峰的强度随着温度的升高逐渐减弱，当温度升高至600℃时已经几乎观察不到这些硫酸盐的衍射峰，说明温度达到600℃以上时，少量以晶态形式存在的（Li/Na）$_2$SO$_4$已经变成了非晶态，如图 2-9 所示。

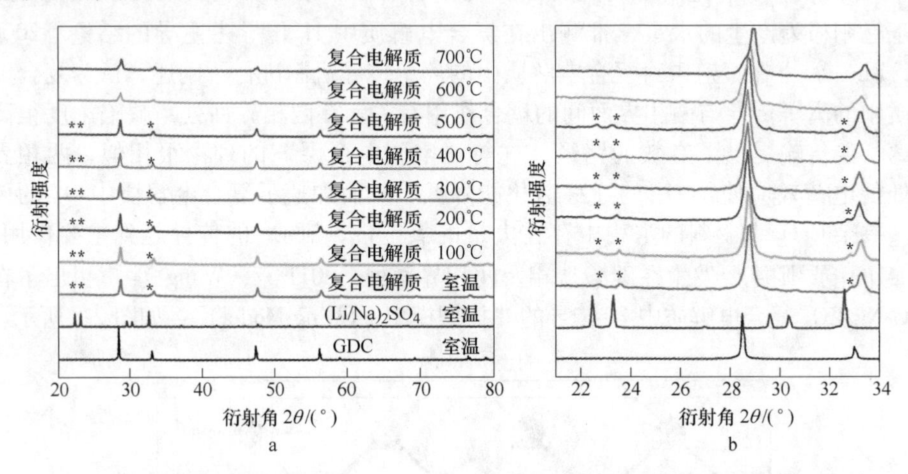

图 2-9　GDC-20%（质量分数）（Li/Na）$_2$SO$_4$复合电解质不同温度下的 XRD 图谱

a—室温至 700℃下复合电解质的 XRD 图谱；b—XRD 图谱中 21°～34°范围的放大图

另外，研究结果表明，（Li/Na）$_2$SO$_4$的含量和烧结温度均对复合电解质的电导率有很大的影响。当（Li/Na）$_2$SO$_4$含量为 20%，烧结温度为 870℃时，复合电解质的离子电导率最高，如图 2-10 和图 2-11 所示。GDC 和（Li/Na）$_2$SO$_4$组成的复合电解质中，主相 GDC 电解质被分布均匀且连续的无机盐（Li/Na）$_2$SO$_4$所包围，从而使两者之间能够形成连续的两相界面（见图 2-12），随着温度的升高，

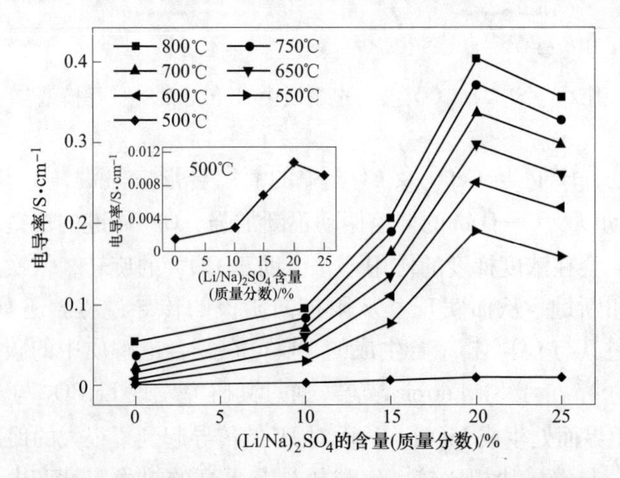

图 2-10　不同（Li/Na）$_2$SO$_4$含量的复合电解质的离子电导率

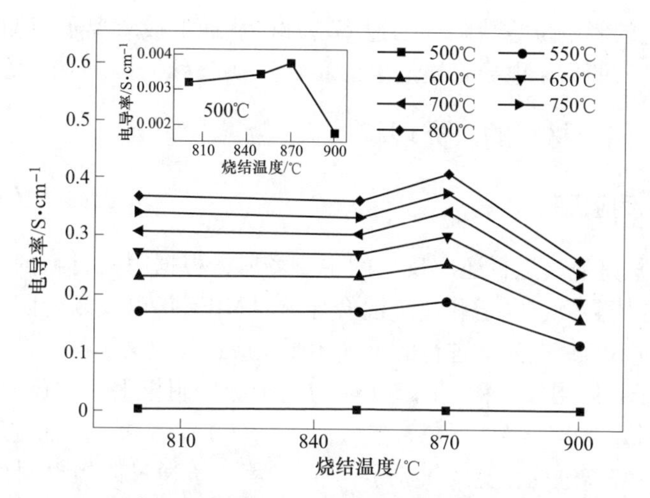

图 2-11 经不同温度烧结后的 GDC-20%（质量分数）$(Li/Na)_2SO_4$复合电解质的离子电导率

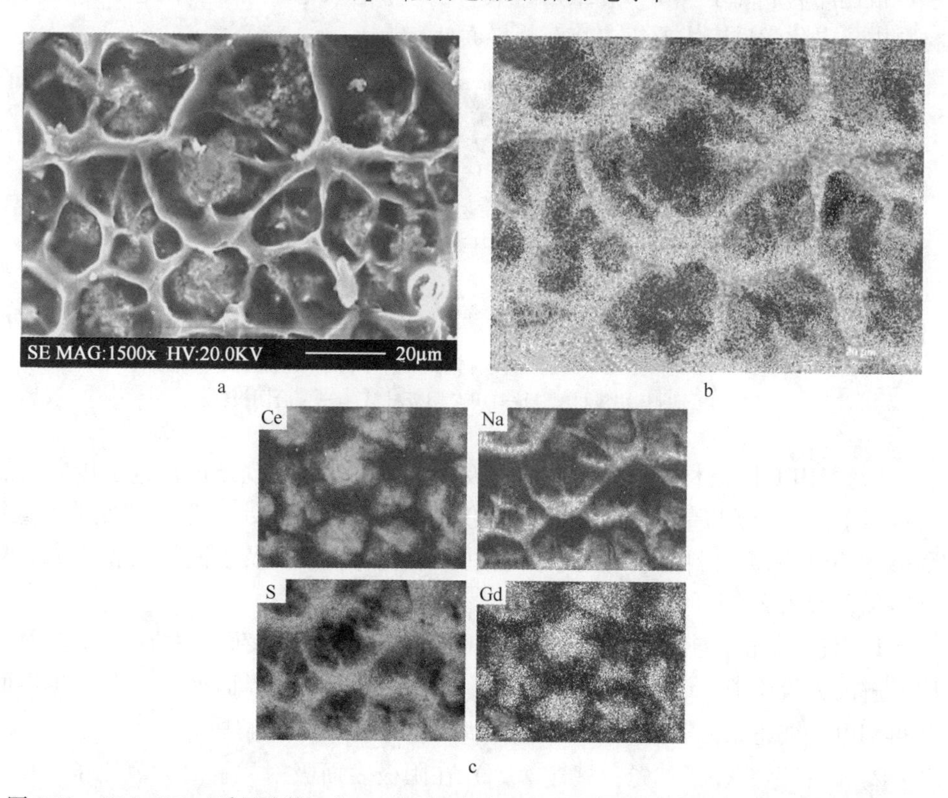

图 2-12 GDC-20%（质量分数）$(Li/Na)_2SO_4$复合电解质的 SEM 形貌图及 EDS 能谱面扫结果

a—复合电解质的 SEM 形貌图；b—复合电解质的 EDS 面扫结果；

c—复合电解质的组成元素 Ce、Na、S 和 Gd 的分布情况

在两相界面处的氧空位等缺陷移动速率增加，从而形成氧离子传输的快速通道，使得复合电解质的离子电导率迅速增加。

2.8　SOFC 阴极材料的研究现状

2.8.1　阴极反应机制

SOFC 阴极是氧气进行还原反应的主要场所，根据阴极材料的性质不同，可以分为电子导体阴极、电子和离子混合导体（MIEC）以及复合阴极 3 大类。阴极材料的性质不同，在其上进行的氧气还原反应过程也会不同。

（1）电子导体阴极材料。图 2-13a 为电子导体阴极上氧的还原过程示意图。这类阴极材料是纯电子导体材料，氧气分子（O_2）首先扩散到阴极材料的表面，并发生吸附、解离过程，变成氧原子（O），氧原子通过阴极材料的表面扩散到由阴极、电解质和空气构成的三相界面（TPB）处，氧原子在三相界面处获得电子，被还原为氧离子（O^{2-}），最后，氧离子扩散进入电解质中。在电子导体阴极材料中，电化学反应主要集中在三相界面处。

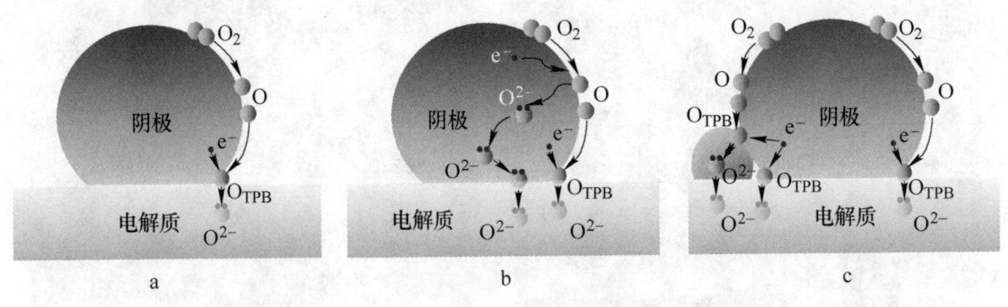

图 2-13　不同类型阴极材料中氧的还原反应过程

a—电子导体阴极材料；b—MIEC 阴极材料；c—复合阴极材料

（2）MIEC 阴极材料。对于这类阴极材料来说，因为既能进行电子传导又能进行离子传导，所以氧的还原反应不仅仅局限在三相界面处，而是扩展到了整个阴极。MIEC 阴极材料上氧的还原反应过程中氧的扩散涉及表面扩散和体扩散两条路径，如图 2-13b 所示。

1）表面扩散路径：首先，氧气（O_2）扩散至阴极表面，并在阴极表面吸附、解离为氧原子（O），氧原子经电极表面扩散至三相界面处，并在三相界面处得到电子被还原为氧离子（O^{2-}），氧离子再扩散进入电解质。

2）体扩散路径：首先，氧气（O_2）在阴极表面吸附、解离为氧原子（O），氧原子在活性位结合电子，被还原为氧离子（O^{2-}），氧离子进入 MIEC 阴极材料的内部，经阴极材料的体相逐渐扩散到阴极与电解质材料的界面处，然后再扩散进入电解质内。

（3）复合阴极材料。为了提高 SOFC 阴极材料中离子电导率，人们将单相的电子导体阴极材料或 MIEC 阴极材料与电解质材料进行复合，得到复合阴极材料。图 2-13c 是单相电子导体阴极材料与电解质材料组成的复合阴极中氧气还原过程示意图。复合阴极材料中电解质的引入，大大增加了阴极材料中三相界面的长度和氧气还原反应的活性位点的数量，显著提升阴极材料的性能。另外，复合阴极材料中电解质的加入还能降低阴极的极化阻抗，提高阴极层与电解质层的热膨胀匹配程度。

阴极是 SOFC 中的重要组成部分之一，随着电解质层的薄膜化，阴极成为 SOFC 中极化损失的主要来源。因此，提高阴极材料的性能，寻找性能良好的阴极材料，一直是 SOFC 的研究重点。目前，对于 SOFC 阴极材料的研究主要集中在钙钛矿型氧化物、类钙钛矿型氧化物以及复合型阴极材料。下面依次介绍一下这些 SOFC 阴极材料的特点及研究进展。

2.8.2 钙钛矿型阴极材料

简单钙钛矿型氧化物的通式为 ABO_3，其理想晶体结构为面心立方结构，如图 2-14 所示。A 位离子位于立方晶胞的顶点位置，配位数是 12，通常是稀土元素或碱土金属元素。B 位离子位于立方晶胞的体心位置，配位数为 6，通常为半径较小的过渡金属或一些主族的金属阳离子。氧离子则占据立方晶胞的面心位置，与体心位置的 B 位阳离子构成 BO_6 八面体结构。

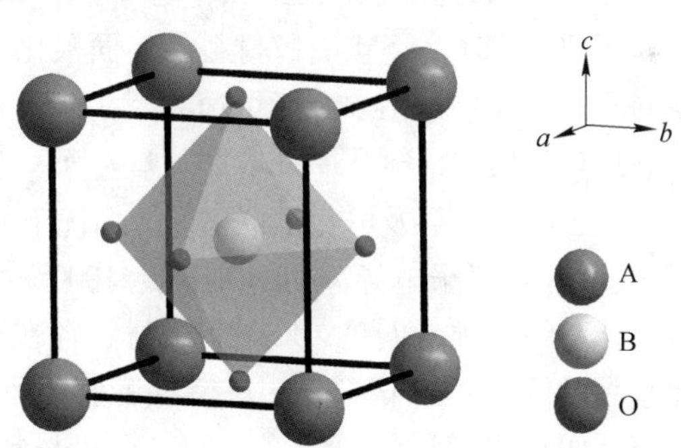

图 2-14 理想钙钛矿型氧化物 ABO_3 的晶胞结构

尽管理想钙钛矿型氧化物的晶体结构非常简单，但是实际中通常会由于组成离子的电子构型不同及相互之间的作用使得其晶胞偏离理想构型而发生扭曲变形，降低了结构的对称性。为了定量地描述 ABO_3 型钙钛矿化合物的结构稳定性，Goldschmidt 提出了容忍因子（tolerance factor）的概念[89]，建立了钙钛矿型化合物的结构稳定性与其组成离子的半径大小之间的关系，其定义如下：

$$t = \frac{r_A + r_O}{\sqrt{2}(r_B + r_O)} \tag{2-5}$$

式中，r_A、r_B和r_O分别为钙钛矿化合物中 A、B 位金属阳离子和氧离子的半径。通常来说，$0.71 < t < 0.9$ 时，为正交或菱方晶系钙钛矿结构；$0.9 < t < 1.0$ 时，为立方晶系钙钛矿结构；$t > 1.0$ 时，为六方晶系钙钛矿结构；$t < 0.71$ 时，为钛铁矿或刚玉结构。

通过对 ABO_3 型钙钛矿化合物的 A 位或 B 位阳离子进行掺杂替换，可以调控化合物的晶体结构及性能，增加结构稳定性，提高其电学和电化学催化性能，增加材料作为 SOFC 阴极材料的潜在应用价值。

（1）$La_{1-x}Sr_xMnO_3$（LSM）阴极材料。Sr 掺杂的 $LaMnO_3$ 系列化合物 $La_{1-x}Sr_xMnO_3$（LSM）是研究最为广泛的一种阴极材料之一。高温下，LSM 阴极材料有很高的电子电导、氧还原催化活性及与电解质材料有较好的热匹配性和化学兼容性，因此在以 YSZ、GDC 和 LSGM 为电解质的 SOFC 中得到了很广泛的应用。Zheng 等[90]系统地研究了 LSM 材料中 Sr^{2+} 的含量对其晶体结构的影响，研究表明，当 $0 < x < 0.2$ 时，为正交结构钙钛矿；当 $0.2 \leqslant x \leqslant 0.3$ 时，为单斜结构钙钛矿；$x > 0.3$ 时又变为正交结构。另外，研究发现，LSM 阴极材料的电导率最高能达到 200S/cm，离子电导率为 $10^{-6} \sim 10^{-7}$S/cm[91,92]。

尽管在高温下 LSM 作为 SOFC 阴极材料具有良好的电化学催化性能，但是，随着温度的降低，LSM 材料的电化学性能迅速下降。例如，Jiang 等[93]的研究表明，当温度从 900℃降至 700℃时，LSM 阴极材料的界面极化电阻从 $0.39\Omega \cdot cm^2$ 迅速上升至 $55.7\Omega \cdot cm^2$，导致其电化学性能迅速衰减。

（2）$La_{1-x}Sr_xCoO_3$（LSC）阴极材料。研究表明，$La_{1-x}Sr_xCoO_3$（LSC）阴极材料在较低温度下的离子电导、电子电导及电化学催化性能均优于 LSM 阴极材料[93,94]。800℃时，LSC 的电子电导率和离子电导率可分别高达 1000S/cm 和 0.22S/cm，远超 SOFC 对阴极材料电导率的要求。但是，LSC 阴极材料存在一个非常大的缺点，就是其线膨胀系数比较大，例如，当 $x = 0.7$ 时，其线膨胀系数可高达 26×10^{-6}/K，约为 YSZ、SDC 等传统 SOFC 电解质的两倍[95]。LSC 阴极材料与电解质材料有如此大的线膨胀系数差异会导致在电池制作或工作的升降温过程中，电池的电极层和电解质层之间开裂，从而严重影响电池的输出性能。

（3）$La_{1-x}Sr_xCo_{1-y}Fe_yO_3$（LSCF）阴极材料。为了改善 LSC 阴极材料的线膨胀系数过大的缺点，人们用 Fe^{3+} 来部分取代 LSC 阴极材料中的 Co^{3+}，发现取代之后可明显降低材料的线膨胀系数，有效降低取代之前的 LSC 阴极材料与常见电解质材料的线膨胀系数不匹配问题[96]。

另外，研究发现，LSCF 阴极材料的电子电导率及离子电导率的大小与材料中 Sr 和 Fe 的掺杂量有很大关系。例如，当 Fe 的含量为 $y = 0.8$ 时，Sr 的含量约

为 $x=0.4$ 时，材料的电子电导率和离子电导率最高。当 Sr 的含量为 $x=0.7$ 时，材料的电化学催化性能会随着 Co 含量的增加而逐渐增强[97]。除此之外，LSCF 阴极材料还表现出更优的抗 Cr 毒化的能力。但是，LSCF 阴极材料的力学性能较差一些，有待于改进提高。

（4）$Ba_{1-x}Sr_xCo_{1-y}Fe_yO_3$(BSCF) 阴极材料。BSCF 最初是作为一种透氧膜材料被人们广泛研究，后来 Shao 等[98]将其作为 SOFC 阴极材料进行了研究。研究表明，BSCF 具有良好的电化学催化性能和氧离子传输能力，例如，在 500℃ 和 600℃ 时，BSCF 阴极的界面极化电阻分别为 $0.135\Omega \cdot cm^2$ 和 $0.021\Omega \cdot cm^2$。在 775℃ 和 900℃ 时，其氧空位扩散速率分别高达 $7.3\times10^{-5}cm^2/S$ 和 $1.31\times10^{-4}cm^2/S$。在 500℃ 和 600℃ 时，以 BSCF 为阴极，Ni/SDC 为阳极的 SOFC，以 H_2 为燃料，进行性能测试得到的电池输出功率分别达 $402mW/cm^2$ 和 $1010mW/cm^2$。另外，BSCF 对丙烷的催化性能也很好，以丙烷为燃料的 SOFC 单电池在 500℃ 时的输出功率为 $440mW/cm^2$。

BSCF 阴极材料虽然具有良好的电化学性能，但它同时也存在一些缺点：首先，BSCF 阴极材料的线膨胀系数较大，在 50～900℃ 之间其平均线膨胀系数 $TEC=19.7\times10^{-6}/K$，远高于 SDC($TEC=12.8\times10^{-6}/K$) 等传统的 SOFC 电解质材料的线膨胀系数；其次，BSCF 阴极材料的电导率较低，为 20～60S/cm，从而限制了其应用[99]。为了解决这些问题，Li 等[100]在 BSCF 的 A 位掺入了 Sm^{3+}，并对掺杂后的 $(Ba_{0.5}Sr_{0.5})_{1-x}Sm_xCo_{0.8}Fe_{0.2}O_{3-\delta}$(BSSCF) 系列阴极材料的电学及电化学性能进行了测试。结果表明，掺杂后的 BSSCF 阴极材料的电导率和电化学性能均优于 BSCF。例如，500℃ 时，BSSCF 阴极的电导率和界面极化阻抗分别为 85.6S/cm 和 $2.98\Omega \cdot cm^2$，远高于同一温度下 BSCF 的电导率（27.4S/cm）和低于同一温度下 BSCF 的界面极化阻抗（$6.04\Omega \cdot cm^2$）。遗憾的是 BSCF 阴极材料较高的线膨胀系数并没有因为 Sm^{3+} 的掺杂而得到有效的改善，需要进一步对其进行深入研究，改善其性能。

2.8.3 双钙钛矿型阴极材料

双钙钛矿型化合物 $AA'B_2O_6$ 或 $AA'BB'O_6$ 是从简单钙钛矿 ABO_3 发展而来的。近年来，$LnBaCo_2O_{5+\delta}$(Ln=La，Pr，Nd，Sm 和 Gd) 系列双钙钛矿型化合物受到人们的广泛关注。在 $LnBaCo_2O_{5+\delta}$ 系列化合物中，Ln 和 Ba 占据晶胞中的 A 位，Co 占据 B 位，…|CoO 层|BaO 层|CoO 层|LnO 层|CoO 层|…沿着 c 轴方向交替堆积排列，其晶体结构如图 2-15 所示。在这一系列 A 位层状有序排列的双钙钛矿化合物中，氧空位局限于 LnO 层，这种特殊的氧空位分布为氧离子在体相材料中的快速传输提供了通道，因此，这类材料的体扩散系数比较高。

Kim 等[101]对 PBCO 材料的传输动力学进行了相关研究，研究结果表明该材

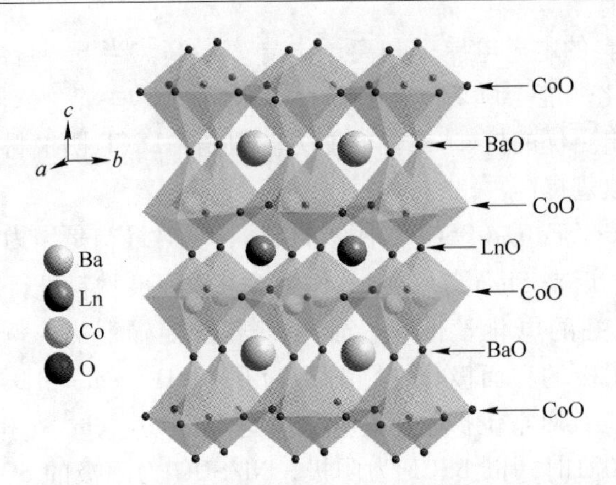

图 2-15　双钙钛矿型化合物 $LnBaCo_2O_{5+\delta}$ 的晶体结构

料具有较高的氧的表面交换系数以及良好的氧的传输性能。Seymour 等[102] 对 PBCO 材料内的氧离子传输性能进行了理论模拟计算，结果发现在该材料中氧离子的传输具有非常明显的二维传输特性。Joung 等[103] 对 $LnBaCo_2O_{5+\delta}$（Ln = Pr、Nd、Sm 和 Gd）系列双钙钛矿型化合物的电导率进行了系统的研究，结果表明这一系列的化合物均具有非常高的电子电导率，如图 2-16 所示。PBCO 具有这一系列化合物中最高的电子电导率，在 100℃，PBCO 具有最高的电导率为 1323S/cm，在 900℃，其电导率的最低值为 310S/cm。GBCO 电导率的最高值和最低值分别为 655S/cm 和 163S/cm。在 900℃ 时，NBCO 具有这一系列化合物中最低的电子电导率，为 132S/cm，能够满足传统中温固体氧化物燃料电池对阴极材料电导率的要求（σ>100S/cm）。

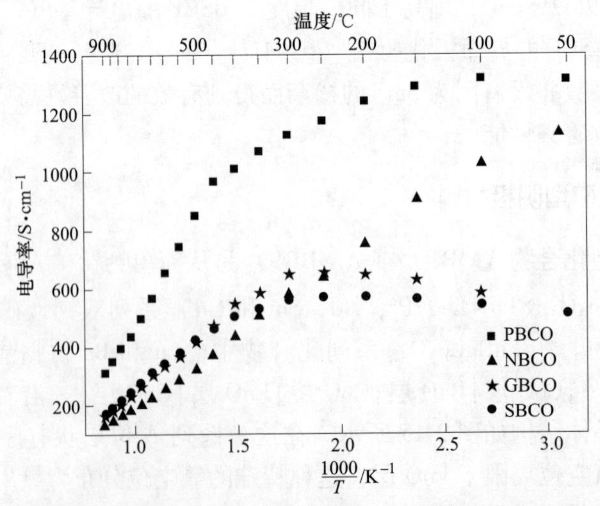

图 2-16　$LnBaCo_2O_{5+\delta}$（Ln = Pr、Nd、Sm、Gd）系列双钙钛矿化合物的电导率[103]

Tarancón 等[104]对 GBCO 作为 SOFC 阴极材料的性能进行了大量研究，结果表明该材料具有良好的电化学性能，例如，以 GDC 为电解质时，625℃ 时其极化阻抗仅为 0.25Ω · cm^2。Zhu 等[105]以 PBCO 作为阴极材料，以 SDC 和 Ni/SDC 分别为电解质和阳极的 SOFC 单电池在 600℃ 和 650℃ 时的输出功率密度分别为 583mW/cm^2和 866mW/cm^2。Zhou 等[106]的研究表明 SBCO 作为 SOFC 的阴极材料同样也表现出了良好的电化学性能，例如，分别以 SDC 和 LSGM 作为电解质时，在 750℃ 时其极化阻抗分别为 0.098Ω · cm^2和 0.054Ω · cm^2，在 800℃ 时得到的电池的最大输出功率密度分别为 641mW/cm^2和 777mW/cm^2。

虽然 $LnBaCo_2O_{5+\delta}$(Ln=La、Pr、Nd、Sm 和 Gd) 系列双钙钛矿型氧化物作为阴极材料具有良好的电化学催化性能，但是同其他 Co 基材料一样，也存在线膨胀系数过大的缺点。例如，Kim 等人[107]的研究结果表明，在 80～900℃之间，LBSC、NBSC、SBSC 和 GBSC 的平均线膨胀系数分别为 24.3×10^{-6}/K、19.1×10^{-6}/K、17.1×10^{-6}/K 和 16.1×10^{-6}/K，均高于 YSZ (10.8×10^{-6}/K) 和 SDC(12.0×10^{-6}/K) 等传统电解质的线膨胀系数。

2.8.4 类钙钛矿型阴极材料

通式为 A_2BO_4的化合物是钙钛矿型化合物的一种衍生物，被称为类钙钛矿型化合物，其晶体结构如图 2-17 所示。A_2BO_4型化合物的结构可以看做是由钙钛矿结构的 ABO_3 层及岩盐结构的 AO 层在沿着 c 轴方向上交替排列而组成的。这类化合物通常是离子和电子的混合导体，其混合电导主要分别源于 AO 层的间隙氧

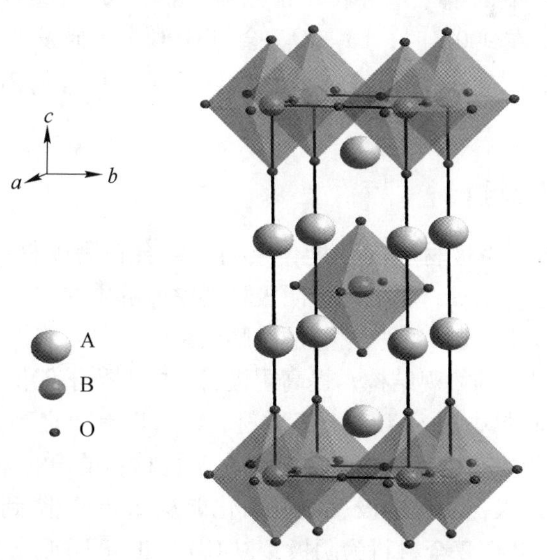

图 2-17 A_2BO_4型类钙钛矿化合物的晶体结构

离子的迁移运动和 ABO_3 层的 p 型电子导电[108]。另外，A_2BO_4型类钙钛矿化合物还具有较高的氧扩散系数和表面交换系数，使得其作为 SOFC 阴极材料而受到人们的广泛关注，其中研究最多的是 $La_2NiO_{4+\delta}$。

Boehm 等[109]用同位素交换深度分析技术（Isotope Exchange and Depth Profiling，简称 IEDP）对 $La_2NiO_{4+\delta}$中氧的传输性能进行了深入研究，结果表明该材料比 LSCF 等传统阴极材料具有更高的氧扩散系数及表面交换系数。理论模拟计算表明在 $La_2NiO_{4+\delta}$中，ab 平面内填隙氧离子迁移的活化能为 0.29eV，而在 c 轴方向上氧的迁移活化能高达 2.90eV，说明在 $La_2NiO_{4+\delta}$中的填隙氧离子具有二维传输的特点[110]。另外，$La_2NiO_{4+\delta}$的线膨胀系数约为 $11.13\times10^{-6}/K$，与 YSZ 和 SDC 等传统电解质的线膨胀系数相匹配。Lee 等人[111]对以 $La_2NiO_{4+\delta}$为阴极材料，以 Ni/YSZ 和 YSZ/GDC 分别为阳极和电解质的 SOFC 单电池进行性能测试，结果表明，在 700℃、750℃和 800℃时得到的电池输出功率密度分别达 $0.485W/cm^2$、$0.815W/cm^2$和 $1.25W/cm^2$。

为了提高 $La_2NiO_{4+\delta}$这类材料的性能，人们对其 A 位或 B 位的离子掺杂进行了大量研究。Aguadero 等[112]用 Sr 对 $La_2NiO_{4+\delta}$中的 La 位进行了掺杂，结果表明，Sr 的掺杂能够显著提高材料的电子电导。在中温区内，掺杂之前的 $La_2NiO_{4+\delta}$的电导率为 75.5～95.3S/cm，而 Sr 掺杂后的 $La_{2-x}Sr_xNiO_{4+\delta}$的电导率能够达到 100S/cm 以上。

虽然这类材料具有较高的氧扩散系数以及与传统电解质相匹配的线膨胀系数，但是其中低温下的电子电导仍不能很好地满足 SOFC 阴极材料的要求。另外，有研究表明，在 900℃时，$La_2NiO_{4+\delta}$会与 GDC 电解质发生反应而产生杂相影响其性能[113]。因此，对于 $La_2NiO_{4+\delta}$这种类钙钛矿型化合物还需要进一步研究，改善其性能。

2.8.5 复合阴极材料

为了改善 SOFC 阴极材料的性能，人们通常会在阴极材料中加入电解质材料，将其制备成复合阴极材料。复合阴极材料中电解质的加入，可以有效提高阴极材料的离子电导率，调节阴极材料的线膨胀系数，提高阴极材料与电解质的匹配性，改善阴极材料的微观结构，提高阴极材料的电化学催化性能。

在 LSM 阴极材料中加入 YSZ 电解质材料，可以有效提高其电化学性能。研究表明，当 YSZ 的掺杂质量在 40%时，复合阴极材料的电化学性能最佳。700℃时，由于 YSZ 的加入，使得电极反应的活化能从 2.04eV 降到 1.14eV[114]。Leng 等[115]对以 LSCF/GDC 复合材料为阴极，以 GDC 和 Ni/GDC 分别为电解质和阳极组成的 SOFC 单电池进行了性能测试，在 500℃和 600℃时得到的电池输出功率密度分别为 $167mW/cm^2$ 和 $578mW/cm^2$。据 Murray 等[116]报道，在 600℃和 750℃

时，LSCF/GDC 复合阴极材料的界面极化阻抗分别为 0.33Ω · cm^2 和 0.01Ω · cm^2，明显低于单相 LSCF 阴极材料。

为了提高 SOFC 阴极材料的性能，除了研发新型的电极材料之外，优化现有电极材料的微结构也是提高其性能的一种有效手段，纳米粉、纳米线和纳米管等材料被用作 SOFC 阴极材料表现出良好的性能。纳米尺度的阴极材料由于具有高的比表面积，为氧的吸附解离提供更多的场所，大大增加材料内部三相界面的长度，从而可以有效提高阴极材料对氧还原反应的催化性能。但是，传统的烧结方法不易控制阴极材料的微观结构，因此，要实现阴极材料结构的微观调控，需要特殊的制备方法。例如，近年来，大量的研究表明，采用浸渍法制备的纳米复合阴极材料具有非常好的阴极性能。Jiang 等[117] 研究发现，将 GDC 颗粒浸渍到 LSM 阴极材料中不但可以显著提高阴极的电化学催化活性，同时还能增加电极对 Cr 的抗毒化能力。Simner 等[118] 研究发现使用 Pd 浸渍的 LSF/SDC 复合阴极的 SOFC 电池在 700℃时可以增加 50%的输出功率密度。

参 考 文 献

[1] Joon K. Fuel cells-a 21st century power system [J]. Journal of Power Sources, 1998, 71: 12-18.

[2] Hajimolana S A, Hussain M A, Daud W A W, et al. Mathematical modeling of solid oxide fuel cells: A review [J]. Renewable and Sustainable Energy Reviews, 2011, 15: 1893-1917.

[3] 韩敏芳，彭苏萍. 固体氧化物燃料电池材料及制备 [M]. 北京：科学出版社，2004.

[4] 王林山，李瑛. 燃料电池 [M]. 北京：冶金工业出版社，2005.

[5] 衣宝廉. 燃料电池-原理，技术，应用 [M]. 北京：化学工业出版社，2003.

[6] 迟克彬，张凤华. 固体氧化物燃料电池研究进展 [J]. 天然气化工：C1 化学与化工，2002，4：37-44.

[7] 江义，李文钊，王世忠. 高温固体氧化物燃料电池（SOFC）进展 [J]. 化学进展，1997，4：387-396.

[8] Ni M, Leung M K, Leung D Y. Modeling of electrochemistry and heat/mass transfer in a tubular solid oxide steam electrolyzer for hydrogen production [J]. Chemical Engineering & Technology, 2008, 31: 1319-1327.

[9] Yang Y, Wang G, Zhang H, et al. Comparison of heat and mass transfer between planar and MOLB-type SOFCs [J]. Journal of Power Sources, 2008, 177: 426-433.

[10] 吴杰. 瓦楞式固体氧化物燃料电池结构分析及连接体设计 [D]. 镇江：江苏科技大学，2018.

[11] 彭苏萍，韩敏芳，杨翠柏，等. 固体氧化物燃料电池 [J]. 物理，2004，33：90-94.

[12] 高玉祥. 日本节能技术的研究与开发：月光计划 [J]. 安徽节能，1992，1：33.

[13] 贾旭平．美国 Bloom energy 公司推出固体氧化物燃料电池微型电站［J］. 电源技术，2010，6：525-528.

[14] Huang K，Wan J，Goodenough J B. Oxide-ion conducting ceramics for solid oxide fuel cells［J］. Journal of Materials Science，2001，36：1093-1098.

[15] 章蕾，夏长荣，低温固体氧化物燃料电池［J］. 化学进展，2011，23：430-440.

[16] 黄贤良，赵海雷，吴卫江，等．固体氧化物燃料电池阳极材料的研究进展［J］. 硅酸盐学报，2005，33：1407-1413.

[17] 孙红燕，森维，易中周，等．中温固体氧化物燃料电池材料的研究进展［J］. 硅酸盐通报，2012，31：1194-1199.

[18] Huang J，Xie F，Wang C，et al. Development of solid oxide fuel cell materials for intermediate-to-low temperature operation［J］. International Journal of Hydrogen Energy，2012，37：877-883.

[19] Tsipis E V，Kharton V V. Electrode materials and reaction mechanisms in solid oxide fuel cells：a brief review［J］. Journal of Solid State Electrochemistry，2008，12：1367-1391.

[20] 王晶晶，魏棣，旭昀．固体氧化物燃料电池的关键材料概述［J］. 广州化工，2014，42：21-23.

[21] 卢凤双，李箭，张建生．固体氧化物燃料电池连接体材料研究进展［J］. 金属功能材料，2008，15：44-48.

[22] 查燕，郑颖平，高文君，等．中温固体氧化物燃料电池材料的研究进展［J］. 材料导报，2008，22：22-25.

[23] 赖晓锋，王苗苗，陈哲，等．金属陶瓷阳极材料的高效固体氧化物燃料电池研究［J］. 中国陶瓷，2011，47：7-11.

[24] 刘斌，张云，涂宝峰，程谟杰．中温固体氧化物燃料电池 NiO/YSZ 阳极的还原过程［J］. 催化学报，2008，29：979-986.

[25] Jiao Z，Takagi N，Shikazono N，et al. Study on local morphological changes of nickel in solid oxide fuel cell anode using porous Ni pellet electrode［J］. Journal of Power Sources，2011，196：1019-1029.

[26] Craciun R，Park S，Gorte R，et al. A novel method for preparing anode cermets for solid oxide fuel cells［J］. Journal of The Electrochemical Society，1999，146：4019-4022.

[27] 雷泽，朱庆山，韩敏芳．Cu-CeO_2基阳极直接甲烷 SOFC 的制备及其性能［J］. 物理化学学报，2010，26：583-588.

[28] Gorte R J，Vohs J M. Novel SOFC anodes for the direct electrochemical oxidation of hydrocarbons［J］. Journal of Catalysis，2003，216：477-486.

[29] Gorte R J，Park S，Vohs J M，et al. Anodes for direct oxidation of dry hydrocarbons in a solid-oxide fuel cell［J］. Advanced Materials，2000，12：1465-1469.

[30] Atkinson A，Barnett S，Gorte R J，et al. Advanced anodes for high-temperature fuel cells［J］. Nature Materials，2004，3：17-27.

[31] Gorte R J，Vohs J M，McIntosh S. Recent developments on anodes for direct fuel utilization in SOFC［J］. Solid State Ionics，2004，175：1-6.

[32] Ramírez-Cabrera E, Atkinson A, Chadwick D. The influence of point defects on the resistance of ceria to carbon deposition in hydrocarbon catalysis [J]. Solid State Ionics, 2000, (136): 825-831.

[33] 郑尧，周嵬，冉然，等. 钙钛矿型固体氧化物燃料电池阳极材料 [J]. 化学进展，2008，20：413-421.

[34] Li X, Zhao H, Gao F, et al. La and Sc co-doped $SrTiO_3$ as novel anode materials for solid oxide fuel cells [J]. Electrochemistry Communications, 2008, 10: 1567-1570.

[35] Gorte R J, Kim H, Vohs J M. Novel SOFC anodes for the direct electrochemical oxidation of hydrocarbon [J]. Journal of Power Sources, 2002, 106: 10-15.

[36] Tao S, Irvine J T. A redox-stable efficient anode for solid-oxide fuel cells [J]. Nature Materials, 2003, 2: 320-323.

[37] Huang Y H, Dass R I, Denyszyn J C, et al. Synthesis and characterization of $Sr_2MgMoO_{6-\delta}$ an anode material for the solid oxide fuel cell [J]. Journal of The Electrochemical Society, 2006, 153: A1266-A1272.

[38] Huang Y H, Dass R I, Xing Z L, et al. Double perovskites as anode materials for solid-oxide fuel cells [J]. Science, 2006, 312: 254-257.

[39] Huang Y H, Liang G, Croft M, et al. Double-perovskite anode materials Sr_2MMoO_6 (M = Co, Ni) for solid oxide fuel cells [J]. Chemistry of Materials, 2009, 21: 2319-2326.

[40] Yang C, Yang Z, Jin C, et al. Sulfur-tolerant redox-reversible anode material for direct hydrocarbon solid oxide fuel cells [J]. Advanced Materials, 2012, 24: 1439-1443.

[41] Fergus J W. Electrolytes for solid oxide fuel cells [J]. Journal of Power Sources, 2006, 162: 30-40.

[42] Figueiredo F, Marques F. Electrolytes for solid oxide fuel cells [J]. Wiley Interdisciplinary Reviews: Energy and Environment, 2013, 2: 52-72.

[43] Minh N Q, Takahashi T. Science and technology of ceramic fuel cells [M]. Elsevier Science, 1995.

[44] Tsai T, Perry E, Barnett S. Low-temperature solid-oxide fuel cells utilizing thin bilayer electrolytes [J]. Journal of the Electrochemical Society, 1997, 144: 130-132.

[45] Xia C, Rauch W, Chen F, et al. $Sm_{0.5}Sr_{0.5}CoO_3$ cathodes for low-temperature SOFCs [J]. Solid State Ionics, 2002, 149: 11-19.

[46] Lin B, Wang S, Liu H, et al. $SrCo_{0.9}Sb_{0.1}O_{3-\delta}$ cubic perovskite as a novel cathode for intermediate-to-low temperature solid oxide fuel cells [J]. Journal of Alloys and Compounds, 2009, 472: 556-558.

[47] Zhou W, Shao Z, Ran R, et al. Novel $SrSc_{0.2}Co_{0.8}O_{3-\delta}$ as a cathode material for low temperature solid-oxide fuel cell [J]. Electrochemistry Communications, 2008, 10: 1647-1651.

[48] Chen F, Xia C, Liu M. Preparation of ordered macroporous $Sr_{0.5}Sm_{0.5}CoO_3$ as cathode for solid oxide fuel cells [J]. Chemistry Letters, 2001, 10: 1032-1033.

[49] Liu Q, Khor K A, Chan S. High-performance low-temperature solid oxide fuel cell with novel

BSCF cathode [J]. Journal of Power Sources, 2006 (161): 123-128.

[50] M Yashima, Ishimura D. Crystal structure and disorder of the fast oxide-ion conductor cubic Bi_2O_3 [J]. Chemical Physics Letters, 2003, 378: 395-399.

[51] Fung K Z, Virkar A V. Phase Stability, Phase Transformation Kinetics, and Conductivity of Y_2O_3-Bi_2O_3 Solid Electrolytes Containing Aliovalent Dopants [J]. Journal of the American Ceramic Society, 1991, 74: 1970-1980.

[52] Dordor P, Tanaka J, Watanabe A. Electrical characterization of phase transition in yttrium doped bismuth oxide, $Bi_{1.55}Y_{0.45}O_3$ [J]. Solid State Ionics, 1987, 25: 177-181.

[53] Fung K Z, Chen J, Virkar A V. Effect of aliovalent dopants on the kinetics of phase transformation and ordering in RE_2O_3-Bi_2O_3 (RE=Yb, Er, Y, or Dy) solid solutions [J]. Journal of the American Ceramic Society, 1993, 76: 2403-2418.

[54] Iwahara H, Esaka T, Sato T, et al. Formation of high oxide ion conductive phases in the sintered oxides of the system Bi_2O_3-Ln_2O_3 (Ln=La, Yb) [J]. Journal of Solid State Chemistry, 1981, 39: 173-180.

[55] Su P, Virkar A V. Ionic conductivity and phase transformation in Gd_2O_3-Stabilized Bi_2O_3 [J]. Journal of the Electrochemical Society, 1992, 139: 1671-1676.

[56] Verkerk M J, Burggraaf A J. High oxygen ion conduction in sintered oxides of the $B_{i2}O_3$-Dy_2O_3 system [J]. Journal of the Electrochemical Society, 1981, 128: 75-82.

[57] Ishihara T, Matsuda H, Takita Y. Doped $LaGaO_3$ perovskite type oxide as a new oxide ionic conductor [J]. Journal of the American Chemical Society, 1994, 116: 3801-3803.

[58] Majewski P, Rozumek M, Aldinger F. Phase diagram studies in the systems La_2O_3-SrO-MgO-Ga_2O_3 at 1350-1400℃ in air with emphasis on Sr and Mg substituted $LaGaO_3$ [J]. Journal of alloys and compounds, 2001, 329: 253-258.

[59] Feng M, Goodenough J. A superior oxide-ion electrolyte [J]. European Journal of Solid State and Inorganic Chemistry, 1994, 31: 663-672.

[60] Huang K, Tichy R, Goodenough J B, et al. Superior perovskite oxide-ion conductor; strontium-and magnesium-doped $LaGaO_3$: III, performance tests of single ceramic fuel cells [J]. Journal of the American Ceramic Society, 1998, 81: 2581-2585.

[61] Ishihara T, Matsuda H, Takita Y. Effects of rare earth cations doped for La site on the oxide ionic conductivity of $LaGaO_3$-based perovskite type oxide [J]. Solid State Ionics, 1995, 79: 147-151.

[62] Khorkounov B, Näfe H, Aldinger F. Relationship between the ionic and electronic partial conductivities of co-doped LSGM ceramics from oxygen partial pressure dependence of the total conductivity [J]. Journal of Solid State Electrochemistry, 2006, 10: 479-487.

[63] Stevenson J, Hasinska K, Canfield N, Armstrong T R, et al. Influence of cobalt and iron additions on the electrical and thermal properties of (La, Sr) (Ga, Mg) $O_{3-\delta}$ [J]. Journal of the Electrochemical Society, 2000, 147: 3213-3218.

[64] Ishihara T, Ishikawa S, Hosoi K, et al. Oxide ionic and electronic conduction in Ni-doped $LaGaO_3$-based oxide [J]. Solid State Ionics, 2004, 175: 319-322.

[65] Ishihara T, Shibayama T, Honda M, et al. Solid oxide fuel cell using Co doped La(Sr)Ga(Mg)O_3 perovskite oxide with notably high power density at intermediate temperature [J]. Chemical Communications, 1999, 13: 1227-1228.

[66] Goodenough J, Ruiz-Diaz J, Zhen Y. Oxide-ion conduction in $Ba_2In_2O_5$ and $Ba_3In_2MO_8$ (M=Ce, Hf, or Zr) [J]. Solid State Ionics, 1990, 44: 21-31.

[67] Wang J D, Xie Y H, Zhang Z F, et al. Protonic conduction in Ca^{2+}-doped $La_2M_2O_7$(M=Ce, Zr) with its application to ammonia synthesis electrochemically [J]. Materials Research Bulletin, 2005, 40: 1294-1302.

[68] Lacorre P, Goutenoire F, Bohnke O, et al. Designing fast oxide-ion conductors based on $La_2Mo_2O_9$ [J]. Nature, 2000, 404: 856-858.

[69] Kendrick E, Islam M S, Slater P R. Developing apatites for solid oxide fuel cells: insight into structural, transport and doping properties [J]. Journal of Materials Chemistry, 2007, 17: 3104-3111.

[70] Hosono H, Hayashi K, Kajihara K, et al. Oxygen ion conduction in 12CaO · $7Al_2O_3$: O^{2-} conduction mechanism and possibility of O^- fast conduction [J]. Solid State Ionics, 2009, 180: 550-555.

[71] Zhu B, Liu X, Zhou P, et al. Innovative solid carbonate-ceria composite electrolyte fuel cells [J]. Electrochemistry Communications, 2001, 3: 566-571.

[72] Huang J, Mao Z, Liu Z. Performance of fuel cells with proton-conducting ceria-based composite electrolyte and nickel-based electrodes [J]. Journal of Power Sources, 2008, 175: 238-243.

[73] Tang Z, Lin Q, Mellander B E, et al. SDC-LiNa carbonate composite and nanocomposite electrolytes [J]. International Journal of Hydrogen Energy, 2010, 35: 2970-2975.

[74] Xia Y, Bai Y, Wu X, et al. The competitive ionic conductivities in functional composite electrolytes based on the series of M-NLCO (M=$Ce_{0.8}Sm_{0.2}O_{2-\delta}$, $Ce_{0.8}Gd_{0.2}O_{2-\delta}$, $Ce_{0.8}Y_{0.2}O_{2-\delta}$; NLCO=0.53$Li_2CO_3-0.47Na_2CO_3$) [J]. International Journal of Hydrogen Energy, 2011, 36: 6840-6850.

[75] Zhang L, Lan R, Xu X, et al. A high performance intermediate temperature fuel cell based on a thick oxide-carbonate electrolyte [J]. Journal of Power Sources, 2009, 194: 967-971.

[76] Xia C, Li Y, Tian Y, et al. A high performance composite ionic conducting electrolyte for intermediate temperature fuel cell and evidence for ternary ionic conduction [J]. Journal of Power Sources, 2009, 188: 156-162.

[77] Xia C, Li Y, Tian Y, et al. Intermediate temperature fuel cell with a doped ceria-carbonate composite electrolyte [J]. Journal of Power Sources, 2010, 195: 3149-3154.

[78] Huang J, Gao Z, Mao Z. Effects of salt composition on the electrical properties of samaria-doped ceria/carbonate composite electrolytes for low-temperature SOFCs [J]. International Journal of Hydrogen Energy, 2010, 35: 4270-4275.

[79] Raza R, Wang X, Ma Y, et al. Study on calcium and samarium co-doped ceria based nanocomposite electrolytes [J]. Journal of Power Sources, 2010, 195: 6491-6495.

[80] Chockalingam R, Basu S. Impedance spectroscopy studies of Gd-CeO_2-(LiNa)CO_3 nano com-

posite electrolytes for low temperature SOFC applications [J]. International Journal of Hydrogen Energy, 2011, 36: 14977-14983.

[81] Di J, Chen M, Wang C, et al. Samarium doped ceria-$(Li/Na)_2CO_3$ composite electrolyte and its electrochemical properties in low temperature solid oxide fuel cell [J]. Journal of Power Sources, 2010, 195: 4695-4699.

[82] Huang J, Mao Z, Liu Z, et al. Development of novel low-temperature SOFCs with co-ionic conducting SDC-carbonate composite electrolytes [J]. Electrochemistry Communications, 2007, 9: 2601-2605.

[83] Zhu B. Next generation fuel cell R&D [J]. International Journal of Energy Research, 2006, 30: 895-903.

[84] Wang X, Ma Y, Li S, et al. Ceria-based nanocomposite with simultaneous proton and oxygen ion conductivity for low-temperature solid oxide fuel cells [J]. Journal of Power Sources, 2011, 196: 2754-2758.

[85] Huang J, Mao Z, Yang L, et al. SDC-carbonate composite electrolytes for low-temperature SOFCs [J]. Electrochemical and Solid-State Letters, 2005, 8: A437-A440.

[86] Ferreira A S, Soares C M, Figueiredo F M, et al. Intrinsic and extrinsic compositional effects in ceria/carbonate composite electrolytes for fuel cells [J]. International Journal of Hydrogen Energy, 2011, 36: 3704-3711.

[87] Lunden A. Paddle-wheel versus percolation model, revisited [J]. Solid State Ionics, 1994, 68: 77-80.

[88] Yao C, Meng J. Enhanced ionic conductivity in Gd-doped ceria and $(Li/Na)_2SO_4$ composite electrolytes for solid oxide fuel cells [J]. Solid State Sciences, 2015, 49: 90-96.

[89] Goldschmidt V M. Die gesetze der krystallochemie [J]. Naturwissenschaften, 1926, 14: 477-485.

[90] Zheng F, Pederson L R. Phase behavior of lanthanum strontium manganites [J]. Journal of the Electrochemical Society, 1999, 146: 2810-2816.

[91] Fergus J, Hui R, Li X, et al. Solid oxide fuel cells: materials properties and performance [M]. Florida: The Chemical Rubber Company Press, 2008.

[92] Yasuda I, Ogasawara K, Hishinuma M, et al. Oxygen tracer diffusion coefficient of (La, Sr) $MnO_{3\pm\delta}$ [J]. Solid State Ionics, 1996, 86: 1197-1201.

[93] Jiang S, Zhang J, Foger K. Deposition of chromium species at Sr-doped $LaMnO_3$ electrodes in solid oxide fuel cells: III. Effect of air flow [J]. Journal of The Electrochemical Society, 2001, 148: C447-C455.

[94] Yang Y, Chen C, Chen S, et al. Impedance studies of oxygen exchange on dense thin film electrodes of $La_{0.5}Sr_{0.5}CoO_{3-\delta}$ [J]. Journal of the Electrochemical Society, 2000, 147: 4001-4007.

[95] Huang Y, Ahn K, Vohs J M, et al. Characterization of Sr-doped $LaCoO_3$-YSZ composites prepared by impregnation methods [J]. Journal of the Electrochemical Society, 2004, 151: A1592-A1597.

[96] Esquirol A, Brandon N, Kilner J, et al. Electrochemical Characterization of $La_{0.6}Sr_{0.4}Co_{0.2}Fe_{0.8}O_3$ cathodes for intermediate-temperature SOFCs [J]. Journal of the Electrochemical Society, 2004, 151: A1847-A1855.

[97] Ullmann H, Trofimenko N, Tietz F, et al. Correlation between thermal expansion and oxide ion transport in mixed conducting perovskite-type oxides for SOFC cathodes [J]. Solid state ionics, 2000, 138: 79-90.

[98] Shao Z, Haile S M. A high-performance cathode for the next generation of solid-oxide fuel cells [J]. Nature, 2004, 431: 170-173.

[99] Wang H, Wang R, Liang D T, et al. Experimental and modeling studies on $Ba_{0.5}Sr_{0.5}Co_{0.8}Fe_{0.2}O_{3-\delta}$ (BSCF) tubular membranes for air separation [J]. Journal of Membrane Science, 2004, 243: 405-415.

[100] Li S, Lü Z, Wei B, et al. A study of $(Ba_{0.5}Sr_{0.5})_{1-x}Sm_xCo_{0.8}Fe_{0.2}O_{3-\delta}$ as a cathode material for IT-SOFCs [J]. Journal of Alloys and Compounds. 2006, 426: 408-414.

[101] Kim G, Wang S, Jacobson A, et al. Rapid oxygen ion diffusion and surface exchange kinetics in $PrBaCo_2O_{5+x}$ with a perovskite related structure and ordered A cations [J]. Journal of Materials Chemistry, 2007, 17: 2500-2505.

[102] Seymour I, Tarancon A, Chroneos A, et al. Anisotropic oxygen diffusion in $PrBaCo_2O_{5.5}$ double perovskites [J]. Solid State Ionics, 2012, 216: 41-43.

[103] Joung Y H, Kang H I, Choi W S, et al. Investigation of X-ray photoelectron spectroscopy and electrical conductivity properties of the layered perovskite $LnBaCo_2O_{5+\delta}$ (Ln = Pr, Nd, Sm, and Gd) for IT-SOFC [J]. Electronic Materials Letters. 2013, 9: 463-465.

[104] Tarancón A, Skinner S J, Chater R J, et al. Layered perovskites as promising cathodes for intermediate temperature solid oxide fuel cells [J]. Journal of Materials Chemistry, 2007, 17: 3175-3181.

[105] Zhu C, Liu X, Yi C, et al. Electrochemical performance of $PrBaCo_2O_{5+\delta}$ layered perovskite as an intermediate-temperature solid oxide fuel cell cathode [J]. Journal of Power Sources, 2008, 185: 193-196.

[106] Zhou Q, He T, Ji Y. $SmBaCo_2O_{5+x}$ double-perovskite structure cathode material for intermediate-temperature solid-oxide fuel cells [J]. Journal of Power Sources, 2008, 185: 754-758.

[107] Kim J H, Manthiram A. $LnBaCo_2O_{5+\delta}$ oxides as cathodes for intermediate-temperature solid oxide fuel cells [J]. Journal of the Electrochemical Society, 2008, 155: B385-B390.

[108] Paudel T R, Zakutayev A, Lany S, et al. Doping rules and doping prototypes in A_2BO_4 spinel oxides [J]. Advanced Functional Materials, 2011, 21: 4493-4501.

[109] Boehm E, Bassat J M, Steil M, et al. Oxygen transport properties of $La_2Ni_{1-x}Cu_xO_{4+\delta}$ mixed conducting oxides [J]. Solid State Sciences, 2003, 5: 973-981.

[110] Minervini L, Grimes R W, Kilner J A, et al. Oxygen migration in $La_2NiO_{4+\delta}$ [J]. Journal of Materials Chemistry, 2000, 10: 2349-2354.

[111] Lee Y, Kim H. Electrochemical performance of $La_2NiO_{4+\delta}$ cathode for intermediate-temperature solid oxide fuel cells [J]. Ceramics International, 2015, 41: 5984-5991.

[112] Aguadero A, Escudero M, Perez M, et al. Effect of Sr content on the crystal structure and electrical properties of the system $La_{2-x}Sr_xNiO_{4+\delta}(0 \leqslant x \leqslant 1)$. Dalton Transactions, 2006, 36: 4377-4383.

[113] Sayers R, Liu J, Rustumji B, et al. Novel K_2NiF_4-Type materials for solid oxide fuel cells: compatibility with electrolytes in the intermediate temperature range [J]. Fuel Cells, 2008, 8: 338-343.

[114] 卢自桂，江义，董永来，等. 锰酸镧和氧化钇稳定的氧化锆复合阴极的研究 [J]. 高等学校化学学报，2001，22：791-795.

[115] Leng Y, Chan S, Jiang S, et al. Low-temperature SOFC with thin film GDC electrolyte prepared in situ by solid-state reaction [J]. Solid State Ionics, 2004, 170: 9-15.

[116] Murray E P, Sever M, Barnett S. Electrochemical performance of(La,Sr)(Co,Fe)O_3-(Ce,Gd)O_3 composite cathodes [J]. Solid State Ionics, 2002, 148: 27-34.

[117] Jiang S P, Wang W. Fabrication and performance of GDC-impregnated (La, Sr) MnO_3 cathodes for intermediate temperature solid oxide fuel cells [J]. Journal of the Electrochemical Society, 2005, 152: A1398-A1408.

[118] Simner S P, Bonnett J F, Canfield N L, et al. Development of lanthanum ferrite SOFC cathodes [J]. Journal of Power Sources, 2003, 113: 1-10.

3 固体氧化物燃料电池阴极材料的制备方法

3.1 固相法

固相法是人类使用最早的化学反应方法之一，由于具有选择性高、产率高和工艺过程简单等优点，已成为目前制备各种新型固体材料的主要手段之一。其原理为：固态物质之间可以直接进行反应。当温度高到一定程度，晶格中的原子或离子脱离其平衡位置而进行扩散迁移运动，若两种物质彼此相互接触时，在其界面处便会产生物质的相互交换和反应。

固相反应通常包含下面 3 个步骤：

（1）扩散传质，即反应物扩散迁移至相界面；

（2）相界面反应，即发生固相化学反应，形成新相；

（3）晶核形成及长大，即无定型的产物逐渐通过结构基元的位移重排形成产物晶体，实现晶体生长。

固相化学反应能否进行，取决于固体反应物的结构和热力学函数。所有的固相反应和溶液中的化学反应一样，受热力学的限制，即整个固相反应的吉布斯函数的变化量要小于零。在满足热力学条件下，反应物的结构是固相反应速率快慢的决定性因素。

固相法通常具有以下几个特点：

（1）固相反应在常温下反应速率极慢，一般需要高温加热来促使反应进行；

（2）当固相反应物数目较多时，整个固相反应的速度由最慢的速度所控制，因此固相反应往往需要较高的温度，较长的煅烧时间；

（3）固相反应的产物阶段性非常明显，一般会经过：原始产物——初始产物——中间产物——最终产物的过程，固相反应物越多，阶段性产物越多，也越复杂。

影响固相反应的因素有内部因素和外部因素。

（1）内部因素：

1）固体反应物质的晶体结构；

2）内部缺陷；

3）组分的能量状态；

4）粒度、孔隙率等形貌因素。

（2）外部因素

1）反应温度；

2）参与反应的气相物质分压；

3）电化学反应中电极电压、射线辐照等。

高温固相法是制备 SOFC 阴极材料的最常用的方法之一。首先根据阴极材料的成分，设计计算相应的起始反应物的组成及其用量，一般常用的反应物有氧化物，碳酸盐及氢氧化物。将反应物充分混合均匀，压成胚体，高温下进行烧结得到所需的 SOFC 阴极材料。

为了使反应物混合均匀，通常会选择用高能球磨法来进行反应物的混合。球磨法是利用研磨介质球和固体物质材料之间的研磨、冲击和粉碎，使物料细化并均匀混合，此法应用面极广，适用于绝大部分的固相物质。图 3-1 为行星球磨机实物图，其工作时，将原料加入到球磨罐中，球磨罐带着磨球绕主轴公转，同时球磨罐绕副轴自转（见图 3-2）。

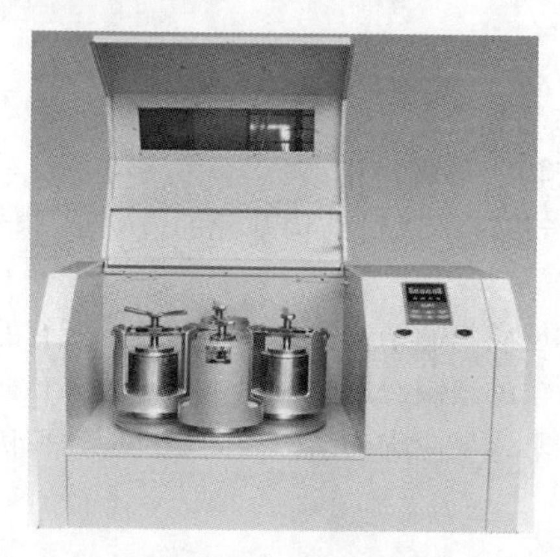

图 3-1　行星球磨机实物

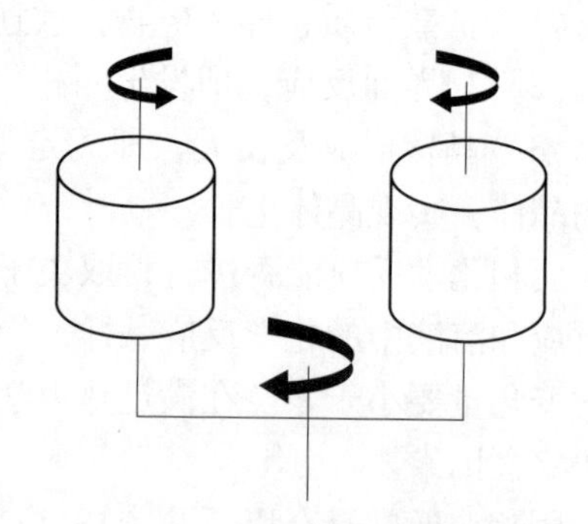

图 3-2　行星球磨机原理

在实际的制备过程中，为了得到纯相的 SOFC 阴极材料，通常会将样品进行重复的研磨和烧结，直到得到纯相样品。

固相法制备 SOFC 阴极材料最大的优点是可以实现对样品的大批量制备。但其缺点也很明显，例如能耗大，球磨过程中易引入杂质等。

3.2　溶胶-凝胶法

早在 1846 年，法国化学家 J. J. Ebelmen 就发现用 $SiCl_4$ 与乙醇混合后生成四乙氧基硅烷（TEOS）时在湿空气中会发生水解并形成了凝胶。20 世纪 30 年代 W. Geffcken 证实了用金属醇盐的水解和凝胶化可以制备出氧化物薄膜。1971 年德国 H. Dislich 报道了通过金属醇盐水解制备了 SiO_2-B_2O-Al_2O_3-Na_2O-K_2O 多组分玻璃。1975 年 B. E. Yoldas 和 M. Yamane 用这种方法制得了整块陶瓷材料及多孔透明氧化铝薄膜。20 世纪 80 年代以来，溶胶-凝胶法在制备玻璃、氧化物涂层、功能陶瓷粉料以及传统方法难以制得的复合氧化物材料中得到了成功的应用[1,2]。

溶胶-凝胶法是指金属有机和无机化合物经过溶液、溶胶、凝胶、固化过程，再经热处理形成氧化物或其他化合物的方法，主要用来制备薄膜和粉体材料。溶胶-凝胶法通常以含有高化学活性组分的化合物作前驱体，在液相条件下将起始原料均匀混合，然后经过水解、缩合等化学反应，在溶液中形成稳定的溶胶体系。溶胶经过陈化后，胶粒之间会发生缓慢的聚合，形成具有三维网络结构。这些三维网络结构间充满着失去流动性的溶剂，形成凝胶。凝胶经过干燥使溶剂蒸发，然后再经过高温烧结固化制备出所需的固体材料[3]。其过程可总结为：溶胶的制备——溶胶-凝胶转化——凝胶干燥、烧结（见图 3-3）。

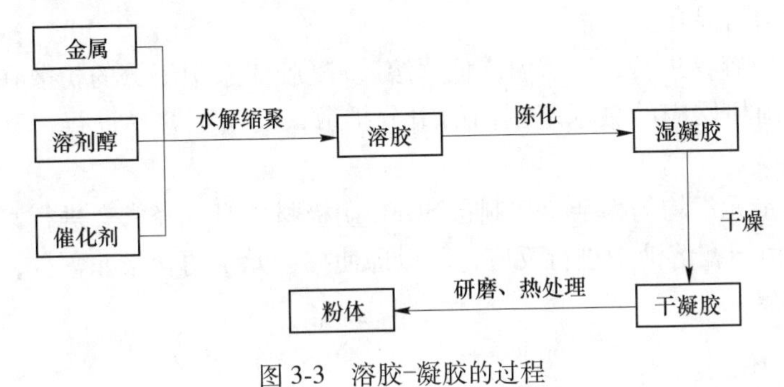

图 3-3 溶胶-凝胶的过程

溶胶-凝胶法按产生溶胶-凝胶过程机制主要分为 3 种类型：

（1）传统胶体型。通过控制溶液中金属离子的沉淀过程，防止形成的颗粒团聚，进而得到均匀稳定的溶胶，再将溶剂蒸发得到凝胶。

（2）无机聚合型。利用可溶性聚合物在水中或有机物质中的溶胶过程，实现金属离子在凝胶中的均匀分散。

（3）配合物型。首先利用配合剂使金属离子形成相应的配合物，然后再经过溶胶和凝胶的过程，形成相应的配合物凝胶。

溶胶-凝胶法制备 SOFC 阴极材料的过程一般为：

（1）将原料按目标产物化学式的化学计量比准确称量，若所用原料为金属硝酸盐，则直接将其溶于适量去离子水中；若所用原料为金属氧化物，则将称好的药品转移至烧杯中，加入适量去离子水，在磁力搅拌器上边进行磁力搅拌边滴加浓硝酸，至金属氧化物全部溶解形成透明溶液。

（2）将所得的各金属硝酸盐溶液混合在一起，搅拌均匀后，按原料中金属离子摩尔数的 1.5 倍加入柠檬酸，搅拌溶解后再加入适量的聚乙二醇（PEG），充分加热搅拌 1h 后形成透明黏稠的溶胶。

（3）将所得溶胶转移至陶瓷蒸发皿中，在 70℃ 恒温水浴锅中水浴 20h 得到多孔泡沫状的干凝胶。

（4）将所得干凝胶在电炉上煅烧约 15min，除去大部分有机物，得到前驱体粉末。

（5）将样品粉末转移至刚玉瓷舟中，置于管式炉中于 600℃下预烧 6h，彻底除去样品中剩余的有机物。

（6）冷却后，取出粉末样品于玛瑙研钵或球磨机中加入适量乙醇，充分研磨 30min 以上，然后将研磨后的粉末样品压成片状，置于高温管式炉中在不同温度下反复烧结，直至得到所需的纯相样品。

溶胶-凝胶法通常在制备 SOFC 阴极材料时具有以下几个独特的优点：

（1）混合均匀。形成凝胶时，起始原料首先被均匀分散在溶剂中，实现分子水平上的均匀混合。

（2）反应容易进行，所需温度低。溶胶-凝胶体系中组分的扩散在纳米范围内，相比于固相反应的微米范围内的组分扩散，反应更容易进行，反应温度也更低。

（3）微量元素均匀掺杂。在制备 SOFC 阴极材料时，经常会进行某种元素的微量掺杂，由于在溶液中进行反应，所以即使掺杂元素的含量非常少，也很容易实现均匀掺杂。

3.3　水热法

"水热"一词出现在约 150 年前，原本用于地质学中描述地壳中的水在温度和压力共同作用下的自然过程，随后被越来越多地应用于化学过程及晶体材料的制备过程。目前，水热法已被广泛地应用于材料制备、化学反应和处理，并且成为了十分活跃的研究领域[4,5]。

水热法，也称为高温水解法，是在特制的密闭反应容器高压釜（见图 3-4）中，采用水作为反应介质，通过加热反应容器来创造一个高温（100～1000℃）和高压（1～100MPa）的环境，使得通常难溶或不溶的物质溶解，然后再结晶。现在水热过程是指高温、高压下在水、水溶液或蒸汽等流体中所进行的有关化学反应的总称。水热法提供了一种常温常压难以实现的特殊环境，使前驱物在反应体系中充分溶解。因此，水热法与其他湿化学方法相比较而言，主要区别在于温度和压力[3]。

水热法具有以下特点[6]：

（1）水热法一般不需经过高温烧结，即可得到结晶粉末。因此可有效避免粉末样品的硬团聚，降低了研磨过程可能引入杂质的风险。

（2）水热法可以通过调节反应体系的温度和压力等条件来改变产物微粒的大小以及形貌。

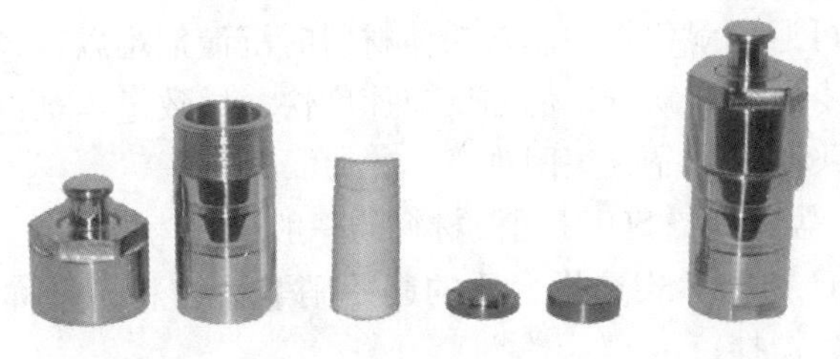

图 3-4 水热反应釜

（3）水热法所得的粉体粒度范围通常在 0.1μm 至几微米，有的可以达到纳米级别，并且纯度高、分散性好，形貌可控。

（4）水热法提供了一种常温、常压下难以实现的特殊物理化学环境。

因水热过程需要经历高温、高压的步骤，这对设备的要求特别苛刻，这也限制了水热法的发展。目前水热法有向低温方向发展的趋势。

水热法制备 SOFC 阴极材料的一般过程为：

（1）按目标产物化学式选择合适的起始物料，称量，加入去离子水；

（2）磁力搅拌溶解均匀后转移至反应釜中，然后将反应釜放入干燥箱中，设置加热温度和时间；

（3）待反应釜冷却后将其取出，过滤干燥，得到所需产品；

（4）根据产物的纯度，确定是否需要进一步高温烧结。

3.4 甘氨酸-硝酸盐法

甘氨酸-硝酸盐法（Glycine-Nitrate Process，简称 GNP）以金属硝酸盐为氧化剂，以甘氨酸作为燃料，通过两者反应时瞬时释放出的大量热量来完成氧化物粉体的制备，是一种自维持的燃烧合成方法。甘氨硝酸-硝酸盐法制备粉体材料工艺过程简单，产物纯度高，颗粒形态好。自 1991 年提出以来，其在粉体材料的制备上得到了充分的发展应用，目前已广泛应用于多种体系的钙钛矿结构氧化物的制备。

甘氨酸的分子式为 $C_2H_5NO_2$，结构式如图 3-5 所示。在甘氨酸-硝酸盐法中，甘氨酸的作用有两个：一是配合剂，二是燃料剂。

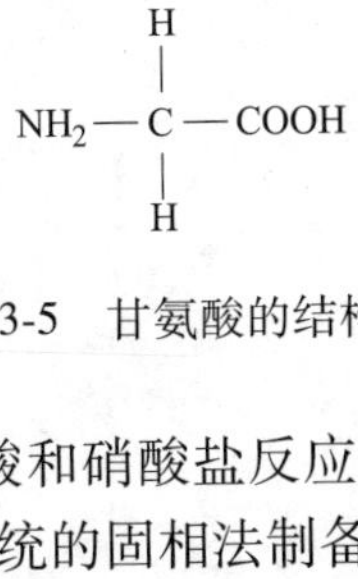

$$
\begin{array}{c}
\quad\ \ \mathrm{H} \\
\quad\ \ | \\
\mathrm{NH_2}-\mathrm{C}-\mathrm{COOH} \\
\quad\ \ | \\
\quad\ \ \mathrm{H}
\end{array}
$$

图 3-5 甘氨酸的结构式

甘氨酸-硝酸盐法利用甘氨酸和硝酸盐反应时所释放的大量热能，可瞬间生成金属氧化物，这样既克服了传统的固相法制备出的粉体时混合不均匀和烧结活性差等缺点，又可避免湿化学法制备粉体材料时沉淀剂难以选择的问题。但是这种方法也存在自身的一些缺点，例如反应速度快，导致过程难以控制；反应过程中，样品粉体易飞溅，样品收集困难[7]。

甘氨酸-硝酸盐法制备 SOFC 阴极材料的一般过程为：

（1）按目标产物化学式选择合适的起始硝酸盐物料，将称量好的硝酸盐加入到去离子水中，搅拌；

（2）按摩尔比 $n(C_2H_5NO_2)$ ：n（金属离子）= 3∶1 的化学计量比加入 $C_2H_5NO_2$，充分搅拌后，蒸发多余水分；

（3）转移至电路上加热，至反应物剧烈燃烧，收集产物，根据产物的纯度，确定是否需要进一步高温烧结[8]。

参考文献

[1] 刘旭俐，马峻峰，欧阳胜林，等．溶胶-凝胶技术的发展与研究［J］．现代技术陶瓷，1999，4：3-5.

[2] 王娟，李晨，徐博．溶胶-凝胶法的基本原理、发展及应用现状［J］．化学工业与工程，2009，26：273-277.

[3] 车如心，高宏，赵宏滨，等．溶胶-凝胶技术的发展历史及现状［J］．云南大学学报，2005，S1：378-383.

[4] 陈妍．水热法在无机非金属粉体材料制备中的应用［J］．科学技术创新，2020，17：168-169.

[5] 石牧航．以水热法为例探究无机非金属材料制备方法的改进［J］．信息记录材料，2019，7：27-28.

[6] 祝大伟，尚鸣，顾万建，等．水热法在材料合成中的应用及其发展趋势［J］．硅谷，2014，17：126.

[7] 王欢，张华，靳宏建，等．燃料对甘氨酸-硝酸盐法合成 $Gd_{0.8}Sr_{0.2}CoO_{3-\delta}$ 阴极材料的影响［J］．无机材料学报，2013，8：818-824.

[8] 纪媛，刘江，贺天民，等．甘氨酸-硝酸盐法制备中温 SOFC 电解质及电极材料［J］．高等学校化学学报，2002，7：1227-1230.

4 固体氧化物燃料电池阴极材料的测试表征方法

材料制备完成后，为了判断其是否适可用于固体氧化物燃料电池阴极材料，需要对其晶体结构、热稳定性、兼容性、电学及电化学性能进行测试表征，主要包括粉末X射线衍射（XRD）、扫描电子显微镜（SEM）、透射电子显微镜（TEM）、X射线光电子能谱、热重-差示扫描量热法（TG-DSC）、线膨胀系数（TEC）、密度、电导率和电化学交流阻抗等。下面就这些方法一一进行介绍。

4.1 粉末X射线衍射（X-Ray Diffraction，简称XRD）

4.1.1 X射线衍射基础理论

4.1.1.1 X射线衍射

X射线是一种能量很大的电磁波，波长在10^{-8}~10^{-12}m，远小于可见光的波长，其光子能量比可见光的光子能量大几万甚至几十万倍。能穿透具有一定厚度的物质，并能使荧光物质发光、照相乳胶感光、气体电离等，广泛应用于医学和科研等各个领域。X射线最早由德国物理学家伦琴（Wilhelm Röntgen）于1895年发现，故又称伦琴射线[1]。

X射线衍射投射到晶体中时，会受到晶体中原子的散射，而散射波就像从原子中心发出，所以可以将每个原子中心发出的散射波看做球面波。由于原子在晶体中是三维周期性排列的，因此这些散射球波之间存在固定的相位关系，导致在某些散射方向的球面波会相互加强，而在另外一些方向上会相互抵消，表现出衍射现象（见图4-1）。

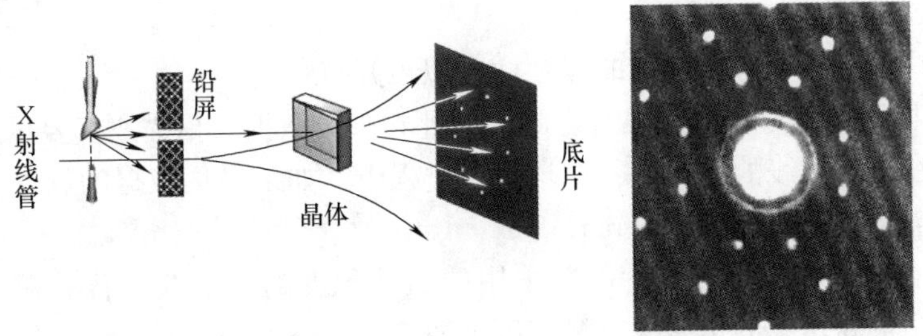

图4-1　X射线穿过晶体后的衍射现象

对于不同的晶体而言，每一种晶体内部的原子排列方式是唯一的，其对应的X射线衍射花样也是唯一的，就像人的指纹一样，因此可以利用X射线衍射的花样图谱进行物相分析。其中，衍射花样中衍射线的分布规律是由晶胞的大小、形状以及位向决定的。衍射线的强度是由原子的种类及其在晶胞中的位置所决定的。

4.1.1.2　布拉格方程

如图4-2所示，当光程差 $\delta = BC + CD = 2d\sin\theta$，而干涉加强的条件为光程差 $\delta = n\lambda$。所以，可得出以下公式：

$$2d\sin\theta = n\lambda \tag{4-1}$$

式中，θ 为X射线的入射角；d 为晶体的晶面间距；n 为衍射级数，为整数；λ 为入射线的波长。

式（4-1）被称为布拉格方程，是研究X射线在晶体中产生衍射的基础，其反映了衍射线方向与晶体结构之间的关系。

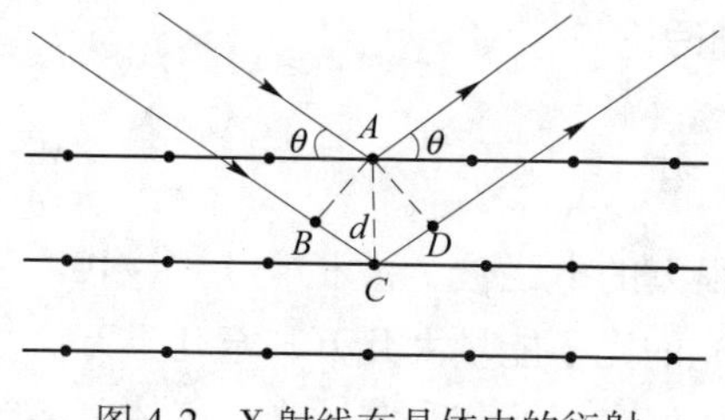

图4-2　X射线在晶体内的衍射

4.1.1.3　谢乐公式

用X射线衍射，可以对晶体的晶粒尺寸进行计算，其计算基础为谢乐（Scherrer）公式：

$$D = K\lambda/\beta\cos\theta \tag{4-2}$$

式中，K 为Scherrer常数，其值为0.89；D 为晶粒尺寸，nm；β 为衍射线的半峰宽，即衍射强度为极大值一半处的宽度；θ 为衍射角；λ 为X射线波长，为0.154056nm。

利用该方程计算晶体粒度时需要注意以下几点：

（1）扫描速度对计算结果有影响，因此在采集数据时扫描速率要尽可能慢。

（2）β 为衍射线的半峰宽，在计算的过程中，如果采集数据的软件给出的是位角度，需将其转化为弧度（rad）。

（3）在计算晶粒尺寸时，一般采用的是低角度的衍射线，若晶粒尺寸比较大，也可用较高角度的衍射线。测定范围通常在3~200nm。

（4）该公式计算出来的是晶体的平均粒径尺寸。

4.1.2 X射线衍射方法

X射线衍射方法包括：

（1）劳埃法。劳埃法是最早的X射线衍射方法，主要原理是用光源发出的连续X射线照射样品，同时用平板底片记录产生的衍射线。劳埃法的衍射花样由若干劳埃斑组成，每个劳埃斑对应于晶面的 $1 \sim n$ 级反射，底片上劳埃斑的分布构成一条晶带曲线。根据底片位置的不同，劳埃法分为两种，分别为透射劳埃法和背射劳埃法。其中，常用方法为背射劳埃法，原因是这种方法不受样品的厚度和吸收的限制。

（2）周转晶体法。周转晶体法用X射线照射转动的单晶样品，同时用以样品转动轴为轴线的圆柱形底片记录产生的衍射线，在底片上形成分立的衍射斑。这样的衍射花样容易准确测定晶体的衍射方向以及衍射强度，适用于未知晶体的结构分析，尤其是分析对称性较低的晶体结构。

（3）粉末法。粉末法是X衍射分析中最常用的一种方法。它是用单色的X射线照射多晶体粉末式样，利用晶体颗粒的不同取向来改变X射线的入射角度 θ，同时用照相底片记录衍射花样的方法。

4.1.3 X射线衍射仪的构造

X射线衍射仪可以用来直接测量粉末、薄膜、块状体等多种材料，适用性非常广。具有操作简单、检测速度快、数据处理方便等诸多优点。

目前，市面上X射线衍射仪的形式多种多样，但其基本构成相似，主要包括下面4个部分[2]：

（1）X射线源。提供测量时所需的X射线，X射线的波长可以通过改变X射线管阳极靶材质来调节，X射线源的强度可以通过改变阳极电压来控制。

（2）样品台及其位置取向的调整系统。用于放置单晶、粉末、多晶或微晶的固体样品。

（3）射线检测器。检测衍射强度或同时检测衍射方向，然后通过仪器测量记录系统得到多晶衍射图谱。

（4）衍射图谱处理分析系统。现代X射线衍射仪都附带安装有专门用于处理分析X射线衍射图谱的计算机（软件）系统，其特点是自动化和智能化。

X射线衍射仪的结构和实物分别如图4-3和图4-4所示。

4.1.4 X射线的产生

能够产生X射线的形式多种多样，实验上已经证实高速运动的带电粒子骤然减速都会发出X射线。通常情况下所产生出来的X射线强度太弱，不能用于衍

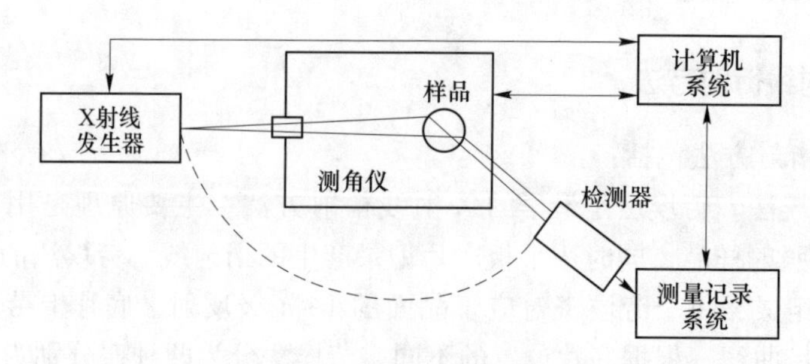

图 4-3　X 射线衍射仪的结构

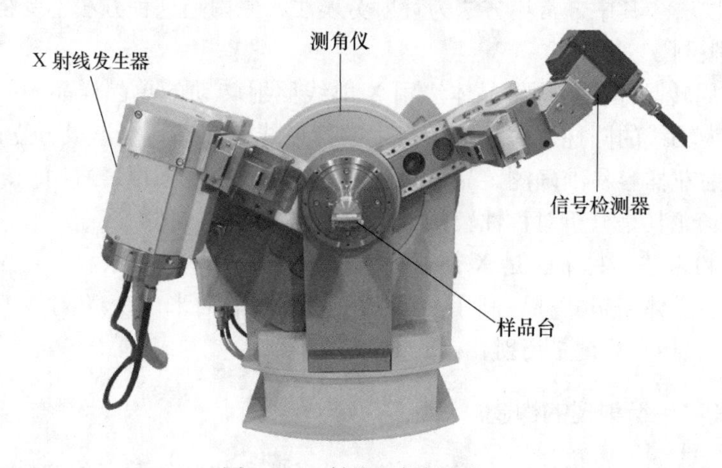

图 4-4　X 射线衍射仪实物

射实验。因此，在实际应用中都是以高速运动的电子流轰击金属的方法获得。因此，X 射线的产生需要满足以下几个条件：

（1）产生自由电子（例如，加热钨丝发射出热电子）；

（2）使自由电子加速高速运动，通过在阴极和阳极间施加高电压实现；

（3）使高速运动的电子速度骤降，通过设置阳极靶材来实现。

X 射线衍射仪中产生 X 射线的结构为 X 射线管，其结构和实物分别如图 4-5

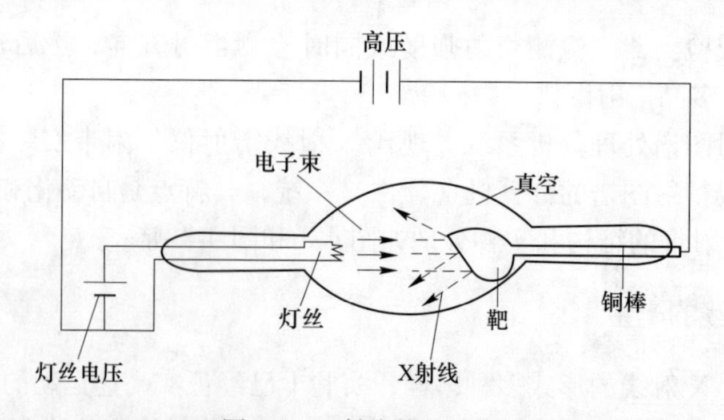

图 4-5　X 射线管的结构

和图4-6所示。封闭式的X射线管其实质就是一个真空二极管，其主要组成包括：

（1）阴极。发射电子的部位。

（2）阳极。也称之为靶，是使X射线突然减速和X射线发出的部位。不同的靶材产生的特征X射线波长不同，其用途也就不同（见表4-1和表4-2）。

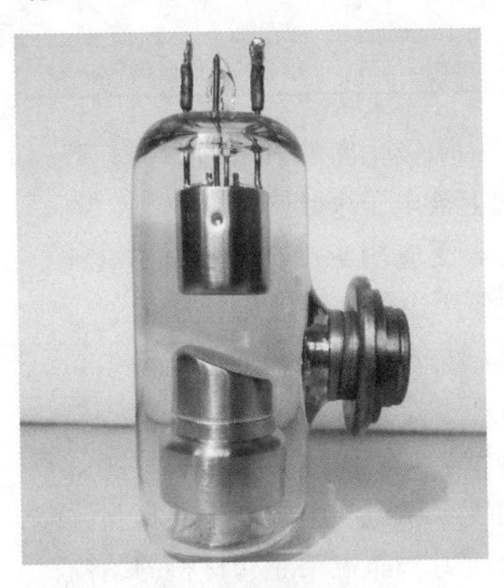

图4-6 X射线管实物

表4-1 常用靶材的特征X射线的波长和工作电压

靶材	原子序数	K系射线波长/m					工作电压/kV
Cr	24	2.28962×10^{-10}	2.29351×10^{-10}	2.909×10^{-10}	2.08480×10^{-10}	2.0701×10^{-10}	20~25
Fe	26	1.93597×10^{-10}	1.93991×10^{-10}	1.9373×10^{-10}	1.75653×10^{-10}	1.7433×10^{-10}	25~30
Co	27	1.78892×10^{-10}	1.79278×10^{-10}	1.7902×10^{-10}	1.62075×10^{-10}	1.6081×10^{-10}	30
Ni	28	1.65784×10^{-10}	1.66169×10^{-10}	1.6591×10^{-10}	1.50010×10^{-10}	1.4880×10^{-10}	30~35
Cu	29	1.54051×10^{-10}	1.54433×10^{-10}	1.5418×10^{-10}	1.39217×10^{-10}	1.3804×10^{-10}	35~40
Mo	42	0.70926×10^{-10}	0.71354×10^{-10}	0.7107×10^{-10}	0.63225×10^{-10}	0.6198×10^{-10}	50~55
Ag	47	0.55941×10^{-10}	0.56381×10^{-10}	0.5609×10^{-10}	0.49701×10^{-10}	0.4855×10^{-10}	55~60

表4-2 常见靶材的种类和用途

靶材种类	主要特长	用途
Cu	适用于测定的晶面间距为0.1~1nm	几乎全部标定，采用单色滤波，测试含Cu试样时有高的荧光背底；如采用Kβ滤波，不适用于Fe系试样的测定
Co	Fe试样的衍射线强，若采用Kβ滤波，背底较高	最适宜于用单色器方法测定Fe系试样
Fe	Fe试样背底小	最适宜于用滤波片方法测定Fe系试样

续表 4-2

靶材种类	主要特长	用　　途
Cr	波长较长	包括 Fe 试样的应用测定，利用 PSPC-MDG 的微区（反射法）测定
Mo	波长较短	奥氏体相的定量分析，金属箔的透射方法测量（小角散射等）
W	连续 X 射线	单晶的劳厄照相测定

（3）窗口。X 射线从阳极靶向外射出的部位。

（4）焦点。阳极靶上被电子束轰击部位。

X 射线衍射目前已广泛应用于冶金、石油、化工、航空航天、科研、教学、材料生产等领域，其主要用途包含以下几个方面[3,4]：

（1）测定未知晶体结构；

（2）物相的定性分析和定量分析；

（3）测定精密点阵常数和固溶体类型和固溶度；

（4）测定物质随温度、压力和组成发生的膨胀收缩，点阵畸变和相变；

（5）测定宏观残余应力、晶粒尺寸和材料的结构；

（6）测定原子径向分布函数，聚合物结晶度；

（7）测定薄膜样品生长质量，表面和界面结构、厚度、密度界面粗糙度等。

对于固体氧化物燃料电池阴极材料的研究，X 射线衍射测试分析是必不可少的一个环节。其主要作用包括：

（1）材料合成阶段，用于判断样品是否为纯相；

（2）确定阴极材料的晶体结构（对称性和晶胞参数）；

（3）判断阴极材料与电解质材料之间的化学兼容性。

4.2 扫描电子显微镜（Scanning Electron Microscope，简称 SEM）

4.2.1 扫描电子显微镜的结构

图 4-7、图 4-8 分别为扫描电子显微镜的结构和实物。

扫描电子显微镜的主要结构包括电子光学系统、信号收集及图像显示系统、真空系统三大基本部分。

4.2.1.1 电子光学系统

电子光学系统的主要组成部分有电子枪、电磁透镜、扫描线圈、样品室。其作用是获得扫描的电子束，作为信号的激发源。

（1）电子枪。电子枪的作用是利用阴极与阳极灯丝间的高压产生高能电子

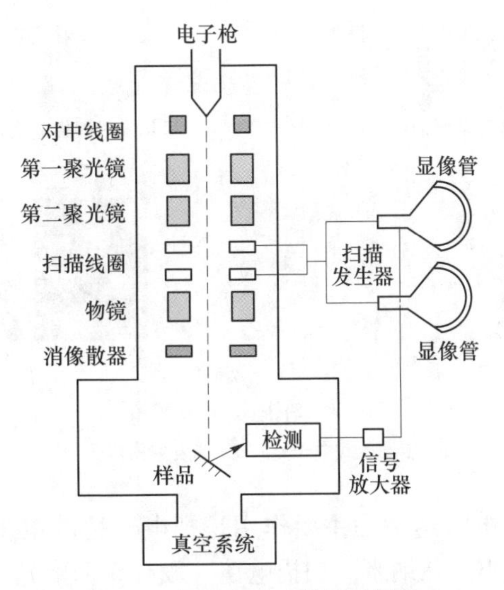

图 4-7　扫描电子显微镜的结构

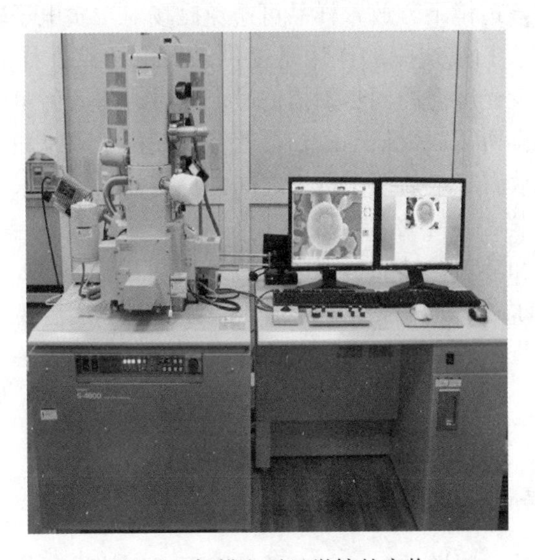

图 4-8　扫描电子显微镜的实物

束。目前，大多数扫描电镜采用热发射式电子枪。这种电子枪的优点是灯丝价格比较低，并且对真空度要求也不高。其缺点是钨丝的热电子发射效率较低，发射源直径较大，即使经过二级或三级聚光镜汇聚之后，电子束在样品表面上束斑直径可达到 5~7nm，扫描电子显微镜的分辨率依然受到限制。现在，高级扫描电镜采用六硼化镧（LaB_6）或场发射电子枪（见图 4-9），使二次电子像的分辨率能够达到 2 nm，但这种电子枪对真空度的要求很高。

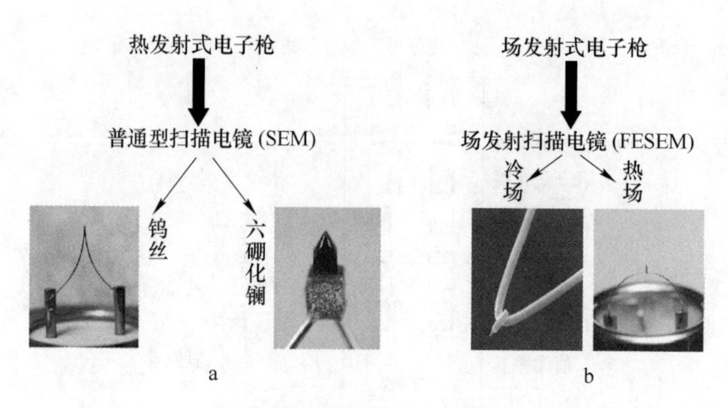

图 4-9　不同类型电子枪

a—热发射式电子枪；b—场发射式电子枪

（2）电磁透镜。电磁透镜的主要作用是把电子枪的束斑缩小，将直径约为 50 mm 的电子束斑缩小至几纳米。扫描电镜一般有 3 个聚光镜，其中，前两个透镜是强透镜，其作用是用来缩小电子束光斑尺寸。第三个聚光镜是弱透镜，其特点是焦距较长，在该透镜下方放置样品可避免磁场对二次电子轨迹的干扰。

（3）扫描线圈。扫描线圈的作用是提供入射电子束在样品表面上以及阴极射线管内电子束在荧光屏上的同步扫描信号。通过改变入射电子束在样品表面上的扫描振幅，来获得所需放大倍率的扫描图像。扫描线圈是扫描电子显微镜的一个重要组件，一般放置于最后两个透镜之间，也有的放置在末级透镜的空间内。

（4）样品室。样品室中的主要部件是样品台。它可以在三维空间内进行移动，并且还能倾斜和转动，样品台移动范围一般可以达到 40mm，倾斜范围至少在 50°左右，可转动 360°。样品室中除了样品台之外，还需要安置不同型号检测器。检测器的信号收集效率和相应检测器的安装位置有很大关系。高级的样品台还可带有多种附件，例如，样品在样品台上可加热，冷却或拉伸，从而可以对样品进行动态观察。

4.2.1.2　信号收集及图像显示系统

该系统的作用是检测样品在入射电子作用下产生的物理信号，然后经视频放大后作为显像系统的调制信号。不同的物理信号需要不同类型的检测系统，一般可分为电子检测器、应急荧光检测器和 X 射线检测器三类。其中，在扫描电子显微镜中使用最普遍的是电子检测器，它由闪烁体，光导管和光电倍增器组成，如图 4-10 所示。

当电子进入闪烁体后将引起电离，离子与自由电子复合时产生可见光。光子沿着没有吸收的光导管传送至光电倍增器，被放大并转变成电流信号输出，电流信号经放大器放大后成为调制信号。这种检测系统的特点是在很宽的信号范围内

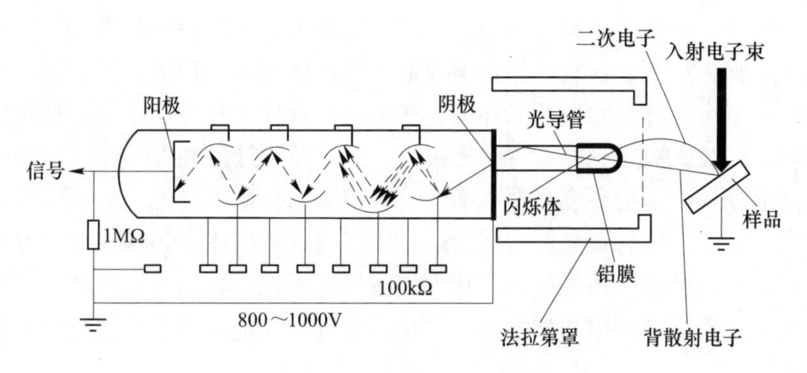

图 4-10 电子检测器结构

具有正比于原始信号的输出，频带宽，增益高，并且噪声小。由于镜筒中的电子束和显像管中的电子束的扫描是同步进行，荧光屏上的亮度由样品上被激发出来的信号强度来调制，检测器接收到的信号强度会随样品表面状态的不同而发生变化，因此，由信号监测系统输出的反映样品表面状态的调制信号在图像显示和记录系统中就转换成一幅与样品表面特征一致的扫描图像。

4.2.1.3 真空系统和电源系统

真空系统的作用是提供高的真空度，保证电子光学系统正常工作，同时防止样品被污染。电源系统的作用是提供扫描电子显微镜各部分所需的电源，由稳压、稳流及相应的安全保护电路组成。

4.2.2 扫描电子显微镜的工作原理

高能入射电子束与样品的原子核以及核外电子发生相互作用后会激发出多种物理信号（见图 4-11），通过对这些激发出来的物理信号进行接收、放大和显示成像，从而获得对样品表面形貌的观察。由扫描电子显微镜最顶端的电子枪发射出来的电子束，经栅极聚焦后，在加速电压作用下，经过 2~3 个电磁透镜所组

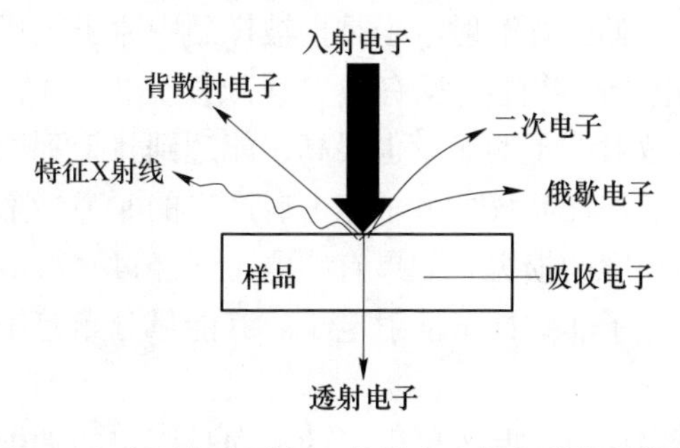

图 4-11 电子与物质相互作用产生的各种物理信号

成的电子光学系统，电子束会聚成一个细的电子束，聚焦在样品表面。在末级透镜上边装有扫描线圈，在它的作用下使电子束在样品表面扫描。

高能电子束与样品物质相互作用，产生各种物理信号。这些信号被相应的接收器接收，经放大后送到显像管的栅极上，调制显像管的亮度。经过扫描线圈上的电流与显像管相应的亮度是严格的一一对应关系，也就是说，电子束打到样品上某一点时，在显像管荧光屏上就出现一个亮点。通过逐点扫描成像的方法，把样品表面的不同特征，按顺序，成比例地转换为图像，显示在荧光屏上[5,6]。

高能电子束与样品中的原子相互作用产生各种物理信号不同，其作用也不一样，见表 4-3。

表 4-3　各种物理信号的用途

图　像	信　号	探测器	用　途
SE（二次电子像）	二次电子	ETSE、VPSE、EPSE	表面形貌
BSE（背散射电子像）	背散射电子	BSD	成分形貌
EDS（能谱）	X 射线	能谱仪	元素分析
WDS（波谱）	X 射线	波谱仪	高精度元素分析
EBSD（背散射电子衍射）	背散射电子衍射	Phosphor Screen CCD	晶粒取向、晶面取向
CL（荧光）	阴极荧光	PMT 或 PbS	半导体及绝缘体缺陷或杂质

在激发出的各种物理信号中，扫描电子显微镜主要利用的是其中的二次电子和背散射电子成像。二次电子是指在入射电子束作用下，被轰击出来并离开样品表面的核外电子。二次电子一般在表层 5~10nm 深度范围内发射出来，对样品的表面形貌十分敏感，因此，可以非常有效地显示样品的表面形貌。二次电子的能量较低，一般不超过 50eV，大多数二次电子只有几个电子伏的能量。背散射电子是被固体样品中的原子核反弹回来的部分入射电子。包括弹性背散射电子和非弹性背散射电子两种。弹性背散射电子是指被样品中原子核反弹回来的，散射角大于 90°的那些入射电子，其能量没有损失（或损失极少）。由于入射电子的能量很高，所以弹性背散射电子的能量也很高，能达到几千到数万电子伏。非弹性背散射电子是入射电子与样品核外电子撞击后产生的非弹性散射，不仅方向发生改变，能量也有不同程度的损失。如果有些电子在经过多次散射之后仍然能反弹出样品的表面，就形成了非弹性背散射电子。其能量分布范围较宽，从数十电子伏到几千电子伏[7]。

对扫描电子显微镜而言，其入射电子的方向是固定的，但由于样品表面凹凸不平，所以导致入射电子束在样品表面的入射角不同。如图 4-12 所示，样品中

A、B 两个平面的入射角 α 是不同的，由二次电子以及背散射电子反射的规律可知，入射角 α 越大，二次电子产额 δ 越高，背散射电子反射系数 η 也越高，因此扫描电子显微镜的探测器接收到的二次电子和背散射电子数量不同，图像上的亮度也就不同。例如，图 4-12 中，A 区的入射角大于 B 区，所以 A 区接收到的二次电子和背散射电子更多，反映在图像上就是 A 区比 B 区会更亮，从而将样品表面的形貌衬度表现出来。二次电子产额和背散射电子反射系数都可以表现样品的形貌衬度，但由于背散射的出射深度深，发射区域也比二次电子大，所以空间分辨率与二次电子相比要低，图像的立体感也不如二次电子，实际上背散射电子很大程度上反映的是样品亚表面的形貌。

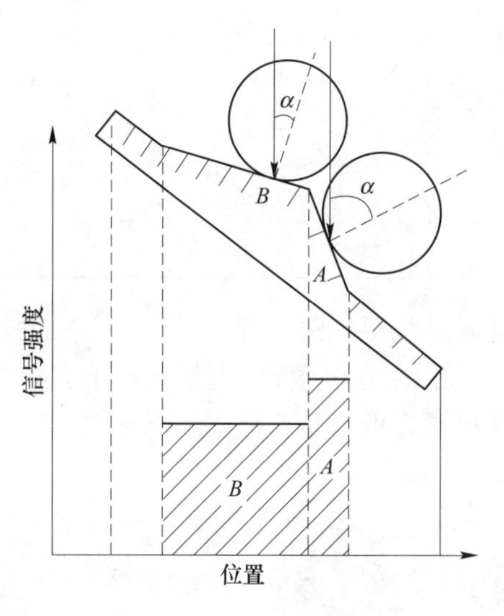

图 4-12 表面形貌程度

二次电子和背散射电子在探测器的接收方式上存在较大的差异，虽然倾斜角越大背散射电子产额越高，但是其发散角分布也会发生改变。此时背散射虽然有较大的产额，但并不意味着所有的背散射电子都能被探测器有效地接收到，所以有时候背散射电子像的明暗衬度与倾斜角之间的关系并非完全一致。

二次电子产额与原子序数之间的关系比较复杂。二次电子产额在整体上随着原子序数的增大而增加。在原子序数小于 20 时，二次电子产额随着原子序数的增加也有所增加；当原子序数大于 20 时，二次电子产额基本上不随原子序数变化，只有原子序数小的元素，其二次电子产额与样品的组分有关。所以二次电子通常情况下用于观察表面形貌，而不用于观察成分分布。不过在原子序数较低或差异较大的时候，二次电子也能看出原子序数衬度。

无论是二次电子还是背散射电子，其产额都随着原子序数的增加而增加。所以在进行分析时，样品中原子序数较高的区域与原子序数较低区域相比，可以发射出更多的二次电子和背散射电子，即原子序数较高的区域图像会更亮，这就是原子序数衬度的原理。虽然二次电子和背散射电子都能表现原子序数衬度，不过无论原子序数 Z 如何，背散射电子对原子序数的敏感度都始终高于二次电子。所以，二次电子反映的原子序数衬度与背散射电子相比要弱很多。

二次电子和背散射电子的各自特点总结见表 4-4。

表 4-4　二次电子和背散射电子各自的特点

参数	二次电子	背散射电子
能量	低	高
空间分辨率	高	低
立体感	强	弱
阴影效果	弱	强
形貌衬托	强	弱
成分衬托	弱	强

二次电子产额主要对形貌更敏感，背散射电子产额主要对成分更敏感。但是二次电子图像也能反映一定的成分衬度，背散射电子图像中也包含了一定的形貌衬度。因此无论是二次电子图像还是背散射电子图像，其实都始终是至少这两种衬度的混合，如图 4-13 所示。

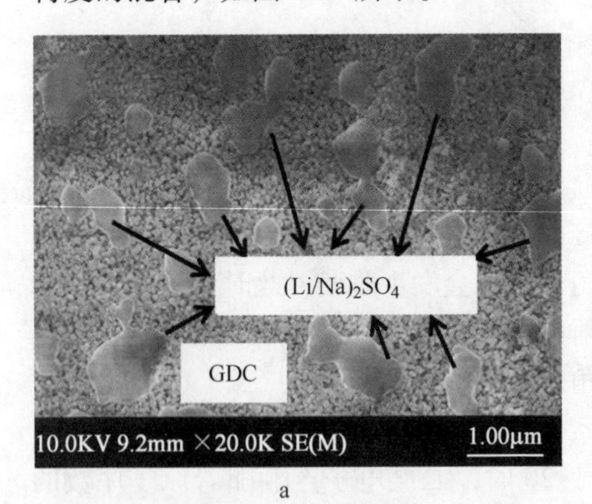

a

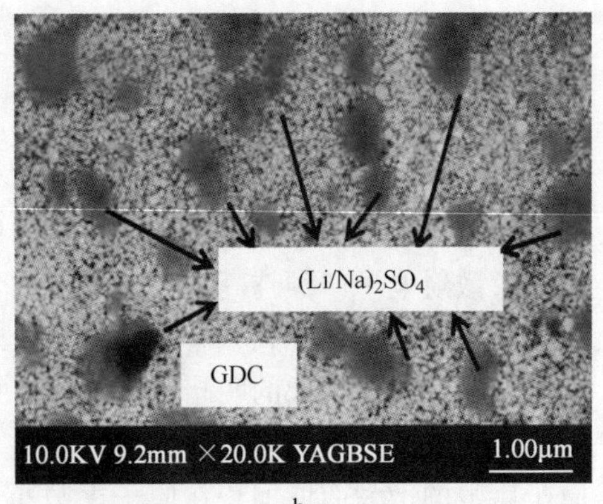

b

图 4-13　GDC-$(Li/Na)_2SO_4$复合材料的二次电子像和背散射电子像[8]

a—二次电子像；b—背散射电子像

目前，扫描电子显微镜的应用非常广泛，在机械、光学、电子、热学、材料科学、真空技术等多门学科或领域中都发挥着重要作用，是现代科学发展不可或缺的工具之一[9]。

4.3 透射电子显微镜（Transmission Electron Microscope，简称 TEM）

4.3.1 透射电子显微镜的结构

图 4-14 和图 4-15 所示分别为透射电子显微镜的结构和实物。

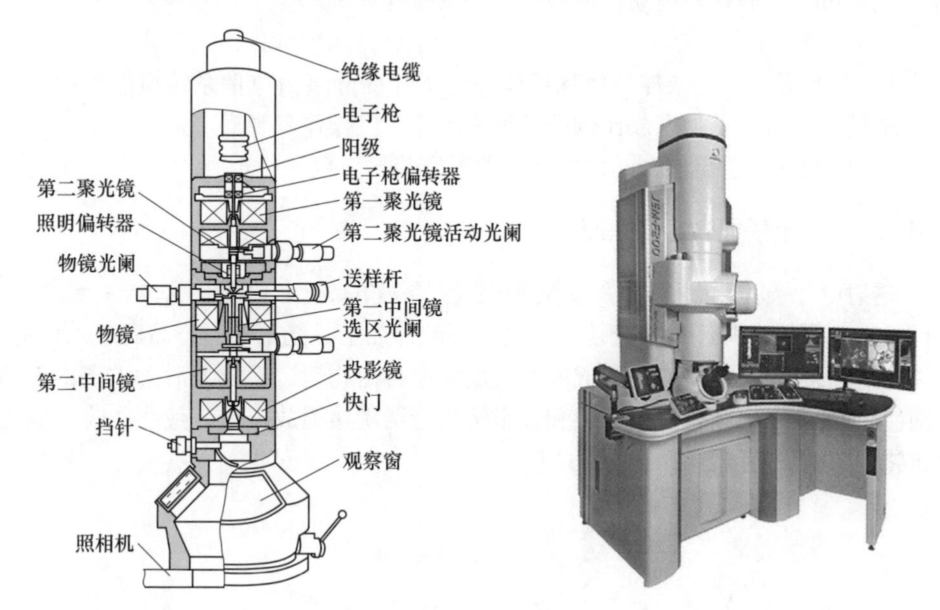

图 4-14 透射电子显微镜结构　　图 4-15 透射电子显微镜实物

透射电子显微镜由光学成像系统、真空系统和电源与控制系统 3 部分构成，其中，光学成像系统是核心，由以下几部分构成：

（1）照明系统。

1）电子枪。电子枪是透射电子显微镜的电子源，主要作用是发射电子，由阴极、栅极和阳极组成。阴极管发射的电子通过栅极上的小孔形成射线束，经阳极电压加速后射向聚光镜，起到对电子束加速和加压的作用。

2）聚光镜：通常是磁透镜，其作用是将来自电子枪的电子束汇聚到被观察的样品上，并通过它来控制照明强度、照明孔径角和束斑大小。

（2）成像系统。

1）物镜。聚焦成像，一次放大。形成第一幅电子像或衍射谱，承担由物到像的转换并进行放大的作用，要求既具有尽可能小的相差，又具有较高的放大倍数。为了减小物镜球差，通常会在物镜的后焦面上放置一个物镜光阑，以减小球差、像散和色差，提高图像的衬度。

2）中间镜。其作用是把物镜形成的一次中间像或衍射谱投射到投影镜的物平面上，二次放大，并控制成像模式。

3）投影镜。三次放大作用，把中间镜放大或缩小的像（电子衍射花样）进一步放大并投影到荧光屏上。

(3) 样品室。

样品室位于照明系统和物镜之间，其作用是安装各种形式的样品台，提供样品在观察过程中的各种运动，例如平移、倾斜等。

(4) 观察记录系统。

1）荧光屏。当反映样品微观特征的电子强度分布由成像系统投射到荧光屏后，被转换成与电子强度成比例的可见光图像，供操作者观察。

2）照相机。电荷耦合元件，将光学影像转化为数字信号。

4.3.2　透射电子显微镜的原理

透射电子显微镜和光学显微镜的各透镜位置及光路图基本一致（见图 4-16），都是光源经过聚光镜会聚之后照到样品上，光束透过样品后进入物镜，由物镜会聚成像，之后物镜所成的一次放大像再由物镜二次放大后进入观察者的眼睛，而在电镜中则是由中间镜和投影镜进行两次接力放大后，最终在荧光屏上形成投影供观察者观察。

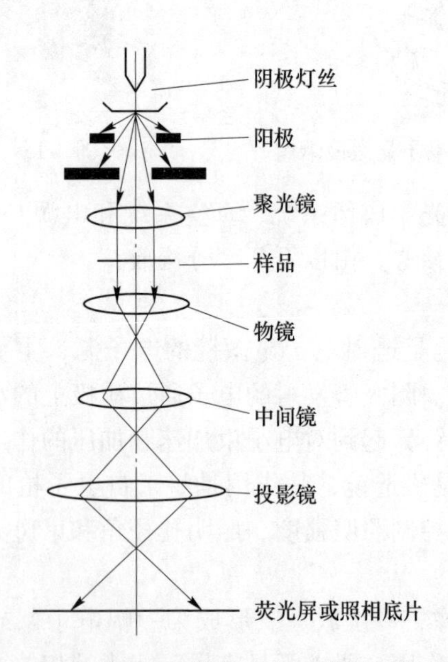

图 4-16　透射电子显微镜中各透镜位置及光路图

电镜物镜成像光路图也和光学凸透镜的放大光路图一致。入射电子束照射并透过样品后，样品上的每一个点由于对电子的散射变成了新的点光源，并向不同方向散射电子。透过样品的电子束由物镜会聚，方向相同的光束在物镜后焦平面上会聚于一点，这些点就是电子衍射花样，而在物镜像平面上样品中同一物点发出的光被重新汇聚到一起，呈一次放大相[10]。

4.4 X射线光电子能谱（X-ray Photoelectron Spectroscopy，简称 XPS）

X 射线光电子能谱是材料领域中的一种先进的分析技术，通常是和俄歇电子能谱（AES）配合使用。由于它可以比俄歇电子能谱更准确地测量原子内层的电子束缚能及其化学位移，所以它不但可以提供分子结构和原子价态方面的信息，而且还能提供材料的元素组成和含量、化学状态、化学键等方面的信息。它在分析材料时，既能够提供总体方面的化学信息，还能给出表面、微小区域和深度分布方面的信息。另外，由于入射到样品表面的 X 射线是一种光子束，所以对样品的破坏性极小。

4.4.1 X 射线光电子能谱仪的结构

图 4-17 和图 4-18 分别为 X 射线光电子能谱仪的结构组成和实物。

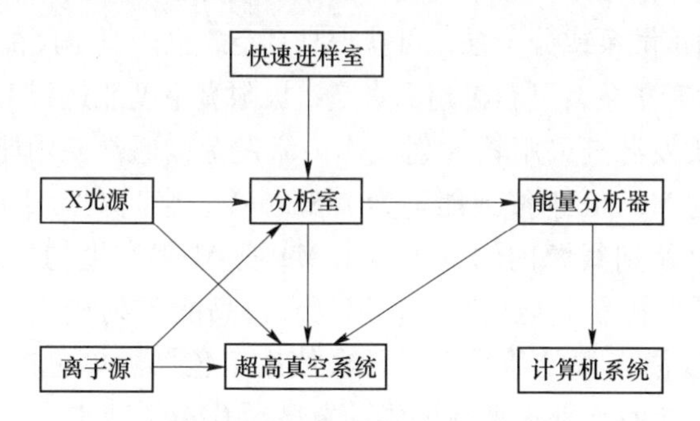

图 4-17 透射电子显 X 射线光电子能谱仪结构组成

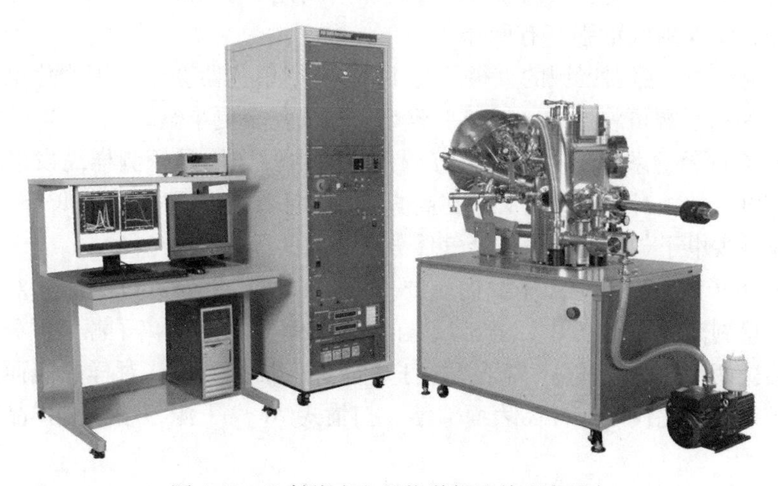

图 4-18 X 射线光电子能谱仪及其配套设备

X 射线光电子能谱仪主要由快速进样室、超高真空系统、X 射线激发源、能量分析系统、离子源及计算机数据采集和处理系统等组成。

(1) 快速进样室。X 射线光电子能谱仪通常会配备有快速进样室，其目的是在不破坏分析室内超高真空的情况下快速地送入样品。快速进样室的体积一般都非常小，以便能够在短时间内（5~10min）能够达到 10^{-3} Pa 的高真空。有的设备的快速进样室还被设计成样品的预处理室，可以实现对样品的加热、蒸镀及刻蚀等操作。

(2) 超高真空系统。在 X 射线光电子能谱仪中必须采用超高真空系统，主要原因有两个：第一，XPS 是一种表面分析技术，如果分析室的真空度不够高的话，在很短的时间内样品的清洁表面就会被残余气体分子所覆盖；第二，由于光电子的信号和能量都非常弱，如果真空度不够高的话，光电子很容易与真空中的残余气体分子发生碰撞造成能量损失，最终无法到达检测器。

在 X 射线光电子能谱仪中，为了使分析室的真空度能达到 3×10^{-8} Pa，一般采用三级真空泵系统。前级泵一般采用旋转机械泵或分子筛吸附泵，极限真空度能达到 10^{-2} Pa；采用油扩散泵或分子泵，可获得高真空，极限真空度能达到 10^{-8} Pa。采用溅射离子泵和钛升华泵，可获得超高真空，极限真空度能达到 10^{-9} Pa。

(3) X 射线激发源。采用软 X 射线作为激发源，通常使用能量为 1253.6eV、半高宽为 0.7eV 的 Mg Kα 射线或能量为 1486.6eV、半高宽为 0.85eV 的 Al Kα 射线，它们分别是由 X 射线源内的电子轰击 Mg 或 Al 靶产生的。除了 Mg 或 Al 靶之外，也可根据需要配置其他高能靶，以便获得高能 X 射线。

为改善 X 射线激发源的质量，通常会使用单色器。单色器可以使 X 射线源的主线线宽变窄，如使 Al Kα 射线的半高宽减至 0.4eV 或更窄，同时滤除伴线和轫致辐射连续本底。使用单色器可以提高 X 射线光电子能谱的能量分辨率和信噪比，但是会使 X 射线的强度有所降低。

常规射线源的照射区域的直径约为 10mm。用单色器会聚或用聚焦电子束激发的微束 X 射线源可将照射区域减小至 5~20μm 甚至更小。

(4) 能量分析系统。电子能量分析系统的主要作用是探测样品发射出来的不同能量电子的相对强度。它必须在高真空条件下工作，即压力要低于 10^{-3} Pa，以便尽量减少电子与分析器中残余气体分子碰撞的概率。

(5) 离子源。XPS 中离子源的主要作用是对样品表面进行清洁或对样品表面进行定量剥离。在 XPS 中，通常配备的是 Ar 离子源。Ar 离子源又可分为固定式和扫描式两种。固定式 Ar 离子源由于不能进行扫描剥离，对样品表面刻蚀的均匀性较差，因此仅用作样品表面清洁。扫描式 Ar 离子源，用于对样品进行深度分析。

由于 Ar 离子半径小，对样品的穿透性强，在对高分子样品表面进行清洁处理时，可能改变样品表面及亚表面的化学状态。而对样品进行定量剥离时，剥离深度不易控制。所以，有的仪器除配有 Ar 离子源外，还配备有 C60 枪，由于 C60 分子半径大，能量密度小，在对材料进行样品表面清洁和刻蚀处理时，不会造成表面化学键的断裂及达到定量剥离的效果。

（6）计算机数据采集和处理系统。该系统主要用于对 X 射线电子能谱仪的控制及数据采集和处理，例如，元素的自动标识、半定量计算，谱峰的拟合等。

4.4.2 X 射线光电子能谱仪的原理

X 射线光电子能谱是一种表面分析技术，主要用来表征材料表面元素及其化学状态，其基本原理是：X 射线与样品表面相互作用，利用光电效应，激发样品表面发射光电子，利用能量分析器，测量光电子动能，进而得到激发电子的结合能。元素所处的化学环境不同，其结合能会有微小的差别，这种由于化学环境不同而引起的结合能的微小差别，称为化学位移。由化学位移的大小便可以确定元素所处的状态，例如某元素失去电子成为正离子后，其结合能会增加，如果得到电子成为负离子，则结合能会降低。因此，利用化学位移值可以分析元素的化合价及其存在的形式[11]。

4.5 热膨胀系数（TEC）测试

对于 SOFC 阴极材料而言，其热膨胀系数必须与电解质材料相匹配，才能保证 SOFC 系统在热循环过程中保持结构稳定，因此，需要进行热膨胀系数的测试，以判断阴极材料的热膨胀行为与电解质材料是否相匹配。

测试材料热膨胀系数的仪器称为热膨胀仪，如图 4-19 所示。

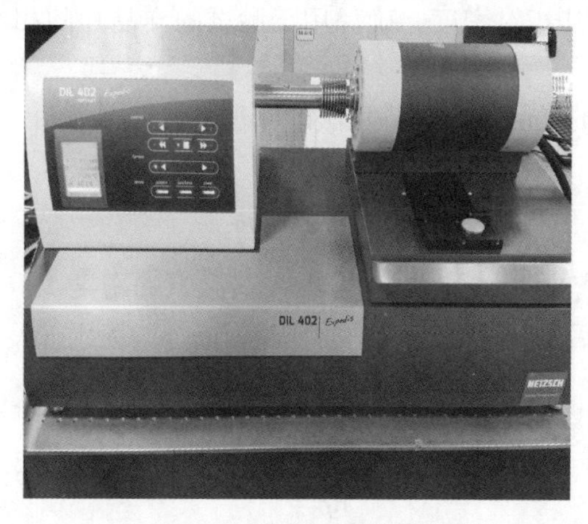

图 4-19 热膨胀仪

热膨胀系数反映的是样品的长度或体积随温度的变化情况，分别称为线膨胀系数和体膨胀系数。由于多晶样品在各个方向上的热膨胀规律相同，因此通过测试其某一个方向上的热膨胀规律（线膨胀系数）即可表示其体膨胀的规律。线膨胀系数定义为

$$\alpha = \frac{1}{L_0} \times \frac{\partial L}{\partial T} \tag{4-3}$$

式中，α 为线性线膨胀系数，K^{-1}；L_0表示温度为 T_0时材料的长度，mm；T 表示材料的测试温度，K。

实际上，线膨胀系数在较大的温度区间内通常不是常量，因此，在考察材料的热膨胀性能时，需要考虑到材料的具体使用温度区间，从而重点研究在这一温度区间内材料的平均线膨胀系数，将其定义为

$$\bar{\alpha}_{T-T_0} = \frac{1}{L_0} \times \frac{\Delta L}{\Delta T} = \frac{1}{L_0} \times \frac{L_T - L_0}{T - T_0} \tag{4-4}$$

式中，$\bar{\alpha}_{T-T_0}$ 为 $T_0 \sim T$ 温度区间内材料的平均线膨胀系数，K^{-1}；L_0为温度为 T_0时样品的长度，mm；ΔL 为 $T_0 \sim T$ 温度区间内样品的长度变化量，mm；ΔT 为 $T_0 \sim T$ 温度的变化量，K；L_T为温度为 T 时样品的长度，mm；T_0为测试的初始温度；K；T 为测试的最终温度，K。

4.6　密度测试

SOFC 阴极材料要求具有高的电子电导率，因此，制备出的阴极材料需要进行电导率的测试。但是，电导率测试对样品片的要求是其相对密度要达到90%以上，因此，在进行电导率测试之前，烧结致密的样品片均用排水法先测其密度，然后计算其相对密度，确保用于测试的样品片的相对密度能达到 90%以上。

密度测试利用的是阿基米德排水法的原理，其定义为

$$\rho = \frac{\rho_{水} m_{空}}{m_{空} - m_{水}} \tag{4-5}$$

式中，ρ 为样品的密度，g/cm^3；$\rho_{水}$为水在室温下的密度，取 0.9982g/cm^3；$m_{空}$为干燥冷却至室温后的样品在空气中的质量，g；$m_{水}$为干燥冷却至室温后的样品在水中的质量，g。

样品的相对密度定义为

$$R\rho = \frac{\rho}{\rho_0} \tag{4-6}$$

式中，ρ 为排水法测得的样品密度，g/cm^3；ρ_0为样品的理论密度，可由 XRD 测试结果计算得到。

4.7　电导率测试

SOFC 阴极材料的电导率测试通常采用的是 Van der Pauw 四电极法，其原理是当满足如下条件时，可以通过测量样品的面电阻来表现其体电阻：（1）圆形样品，厚度均匀且不大于 1mm；（2）样品的表面均匀且无孔洞及裂缝；（3）触点尽量小且位于样品的圆周上。

在满足以上条件的致密样品片上对称地粘上四条银丝，分别接到 Keithley 2400 Source Meter 数字源表（见图 4-20）的电流端和电压端。如图 4-21a，根据 $R_1 = V_{dc}/I_{ab}$ 可以测得样品的直流电阻 R_1。实验中为了消除触点的不完全对称性对测试结果的影响，再将电极的连接方式改为图 4-21b 中的形式，测得样品的直流电阻 $R_2 = V_{ad}/I_{bc}$，然后可由下式计算得出样品的电阻率：

$$\rho = \frac{\pi}{\ln 2}\left(\frac{R_1 + R_2}{2}\right) f(R_1/R_2)\, t \tag{4-7}$$

式中，ρ 为电阻率；$f(R_1/R_2)$ 为 Van der Pauw 函数，当 4 个接触点完全对称时其值取 1；t 为样品的厚度。

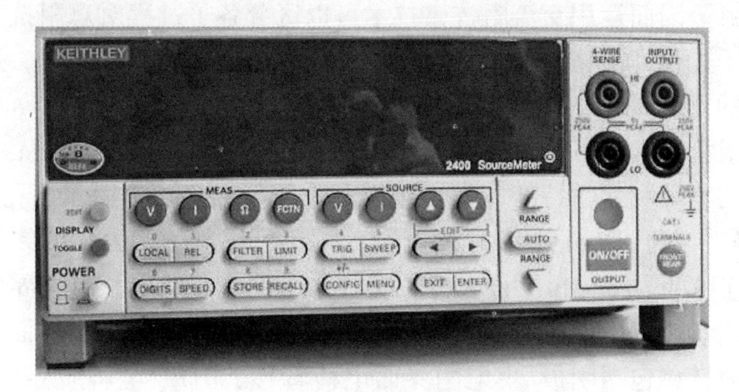

图 4-20　Keithley 2400 Source Meter 数字源表

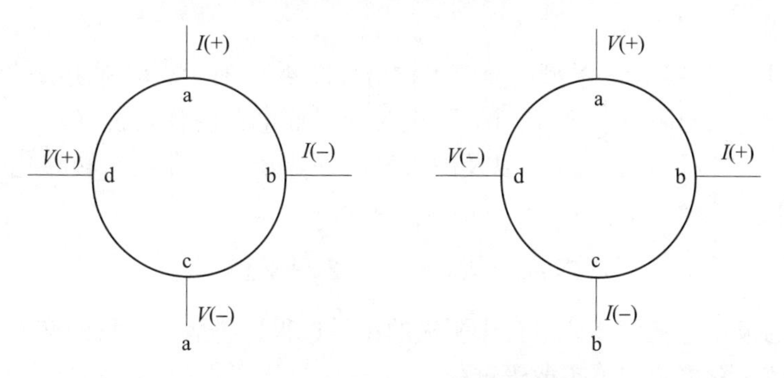

图 4-21　Van der Pauw 四电极法原理

a—测直流电阻 R_1 线路；b—测直流电阻 R_2 线路

则样品的电导率为

$$\sigma = 1/\rho \tag{4-8}$$

4.8　电化学交流阻抗测试

为了判断所制备出的阴极材料的电化学催化性能，需要对材料进行电化学交流阻抗的测试。电化学交流阻抗测试是用一个可变频率的小振幅正弦波电信号对一个稳定的电极系统进行微扰，则系统会产生一个与扰动信号相同频率的响应信号。由不同频率的响应信号与扰动信号之间的比值，我们可以得到不同频率下阻抗的模值与相位角，从这些数据可以计算出电化学响应的实部与虚部。通过解析由实部和虚部构成的电化学交流阻抗谱，便可以得到材料的电化学极化电阻、欧姆极化电阻等信息[12]。

燃料电池阴极的电极反应过程包含多个子过程，例如，气相扩散、解离吸附、表面扩散、离子和电荷的转移等过程，整个电极反应的快慢由其最慢的子过程所决定。每个子过程具有不同的时间常数，在交流阻抗谱上表现为一系列相互重叠的半圆弧。因而运用交流阻抗谱技术可以区分各子过程对总阻抗的贡献，确定出哪一个子过程为决速步骤，然后采取相应的措施来加快该过程，从而达到改善电极性能的目的。

电极的阻抗通常与下列因素密切相关：（1）电活性物种的活度；（2）电极/电解质界面的物理和化学特征；（3）电极的形貌（粒径、表面积、孔隙率）。

Adler 等[13]为了理解钙钛矿电极材料氧气还原反应的动力学的线性交流阻抗过程，建立了 Adler-Lane-Steele（ALS）模型，在这个模型中，包含界面电荷转移过程和阴极化学过程中的非电荷转移过程（体扩散，气相扩散，界面氧交换）。

界面电荷转移包括阴极/集电网界面电荷转移、阴极/电解质界面电荷转移、气相/阴极之间的氧化学交换。扩散过程包括边界层内的氧扩散、阴极气孔内的氧扩散[14, 15]。

SOFC 阴极材料 ALS 模型的交流阻抗谱如图 4-22 所示。对称阴极的交流阻抗包括电解质的欧姆阻抗（R_{el}）、阴极/电解质界面电荷转移阻抗（Z_1）、集电网/阴极界面电荷转移阻抗（Z_2）以及阴极氧气还原反应的非电荷转移化学过程阻抗（Z_{chem}）：

$$Z(\omega) = R_{el} + Z_1 + Z_2 + Z_{chem} \tag{4-9}$$

阴极的极化电阻大部分来自于阴极的化学过程，包括表面氧的交换反应，气相氧的扩散，氧离子的体扩散等过程。

为了更加直观地对电化学体系进行分析，通常会对测试得到的电化学交流阻抗谱进行等效电路的拟合。等效电路由不同的电子元件串联或并联组成，不

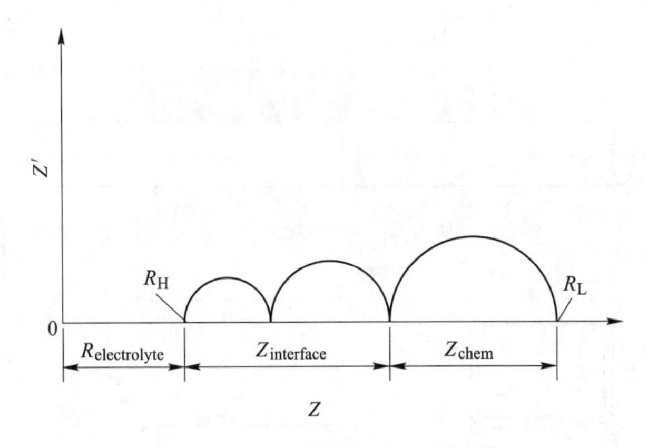

图 4-22 ALS 模型的交流阻抗谱

同的电子元件对应于不同的电极过程，常用的电子元件有电阻（R），电感（L），电容（C）和常相位角元件 CPE(Q)，其中，Q 由 Y_0（单位：$\Omega^{-1}\cdot cm^{-2}\cdot s^{-n}$）和 n（无量纲）两部分组成，常相位角元件 CPE 的导纳可以用式（4-10）来表示：

$$Y(\omega)=Y_0(j\omega)^n=Y_0\omega^n\cos(n\pi/2)+jY_0\omega^n\sin(n\pi/2) \tag{4-10}$$

式中，$0\leqslant n\leqslant 1$；当 $n=0$ 时，表示纯电阻；当 $n=1$ 时，表示纯电容；当 $n=0.5$ 时，表示 Warburg 阻抗；当 $n=-1$ 时，表示电感。

等效电路图用来分析反应过程中各个步骤对总的阻抗的贡献情况，图 4-23 所示为一种常见的 SOFC 阴极材料的交流阻抗谱的等效电路。其中 L_1 是电感，R 代表的是半电池的欧姆电阻，包括电解质电阻和电极的电阻等。(R_1，CPE1）对应的是高频弧，高频弧对应的是快速过程，主要归因于电荷转移时产生的电阻；(R_2，CPE2）代表的是低频弧，低频弧对应的是相对慢过程，主要归因于阴极表面氧的吸附和解离以及氧离子的扩散电阻，R_1 和 R_2 的和为阴极极化电阻 R_p，是在电极和电解质界面处发生电化学反应时电荷转移阻抗[16]。

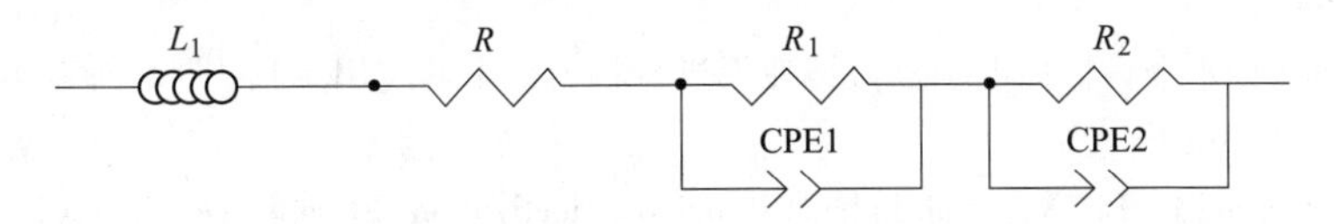

图 4-23 交流阻抗谱的等效电路

对由电极｜电解质｜电极构型的对称电池进行电化学交流阻抗的测试，测试方法如图 4-24 所示，所使用的主要测试仪器为电化学工作站，频率范围一般选择 0.1Hz～1MHz，振幅为 10mV，温度范围为 500～850℃，温度间隔为 50℃。

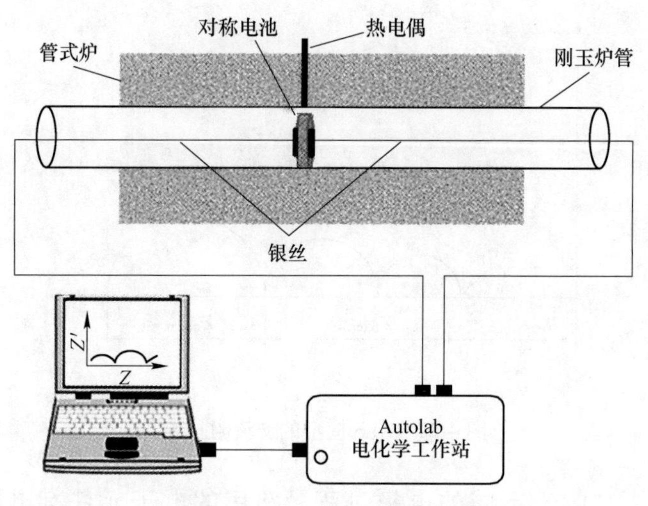

图 4-24　电化学交流阻抗测试

参 考 文 献

[1] 马礼敦 . X 射线粉末衍射的发展与应用——纪念 X 射线粉末衍射发现一百年 [J]. 理化检验，2016，7：461-468.

[2] 马礼敦 . 多功能 X 射线衍射仪的由来与发展（上）[J]. 理化检验，2010，8：500-506.

[3] 苑艳芳 . X 射线技术应用特点及在当前的发展研究 [J]. 延安职业技术学院学报，2014，3：123-124.

[4] 杨新萍 . X 射线衍射技术的发展和应用 [J]. 山西师范大学学报，2007，1：72-76.

[5] 凌妍，钟娇丽，唐晓山，等 . 扫描电子显微镜的工作原理及应用 [J]. 山东化工，2018，9：78-79.

[6] 柴晓燕，米宏伟，何传 . 新扫描电子显微镜及 X 射线能谱仪的原理与维护 [J]. 2018，3：192-194.

[7] 杨志远，杨水金 . 扫描电子显微镜在无机材料表征中的应用 [J]. 湖北师范学院学报，2015，4：56-63.

[8] Yao C，Meng J，Liu X，et al. Enhanced ionic conductivity in Gd-doped ceria and $(Li/Na)_2SO_4$ composite electrolytes for solid oxide fuel cells [J]. Solid State Sciences，2015，49：90-96.

[9] 高学平，张爱敏，张芦元 . 扫描电子显微技术与表征技术的发展与应用 [J]. 科技创新导报，2019，19：99-103.

[10] 杨序纲 . 聚合物电子显微术 [M]. 北京：化学工业出版社，2015.

[11] 陈兰花，盛道鹏 . X 射线光电子能谱分析（XPS）表征技术研究及其应用 [J]. 教育现代化，2018，1：180-182.

［12］ 曹楚南，张鉴清．电化学阻抗谱导论［M］．北京：科学出版社，2016.

［13］ Adler S B，Lane J A，Steele B C H. Electrode kinetics of porous mixed-conducting oxygen electrode［J］. Journal of the Electrochemical Society，1996，143：3554-3564.

［14］ Adler S B. Limitations of charge-transfer models for mixed-conducting oxygen electrodes［J］. Solid State Ionics，2000，135：603-612.

［15］ Adler S B. Mechnism and kinitics of oxygen reduction on porous $La_{1-x}Sr_xCoO_{3-\delta}$ electrodes［J］. Solid State Ionics，1998，111：125-134.

［16］ Fu C J，Sun K N，Chen X B，et al. Electrochemical properties of A-site deficient SOFC cathodes under Cr poisoning conditions［J］. Electrochimica Acta，2009，54：7305-7312.

5 $SrBiMTiO_6$(M=Fe、Mn、Cr)阴极材料的制备及性能研究

5.1 引言

如今，钙钛矿型结构（ABO_3 或 $AA'BB'O_6$）的材料由于其在铁电、热电、磁电以及燃料电池等方面的广泛应用而受到全世界科研人员的广泛关注[1~6]。钙钛矿型氧化物的结构可以容纳许多不同价态的金属离子，并且在其阴离子的晶格中可以存在大量的空位。这些特点使钙钛矿结构材料的性质在许多情况下是高度可调的，因此，我们可以通过金属离子的掺杂、取代等手段来调节具有钙钛矿型结构的材料的性能。钙钛矿型氧化物在固体氧化物燃料电池（SOFC）的应用中表现出的非常良好的电化学性能使得其作为电极材料而引起了人们的极大兴趣，如 $Ba_{0.5}Sr_{0.5}Co_{0.8}Fe_{0.2}O_3$(BSCF)[7]、$La_{0.6}Sr_{0.4}Co_{0.2}Fe_{0.8}O_3$(LSCF)[8]和 $Sm_{0.5}Sr_{0.5}CoO_3$(SSC)[9]等，这些钙钛矿型氧化物均作为固体氧化物燃料电池阴极材料被人们广泛研究。然而，由于钴具有较高的氧化还原活性使得钴基钙钛矿型化合物具有较高的线膨胀系数[10, 11]。并且，由于钴的价态和自旋态的变化，使得钴基钙钛矿型化合物通常会存在从立方结构到六方结构的转变[12,13]，这种结构的转变通常会伴随着其输运性能的降低。上述缺点极大地限制了钴基钙钛矿型氧化物在固体氧化物燃料电池中的应用，因此，需要开发新型的高稳定性、高兼容性和高电化学催化性能的中温固体氧化物燃料电池的电极材料[14~16]。

基于 $SrTiO_3$ 的钙钛矿型氧化物在氧化和还原的条件下均具有非常良好的热稳定性和结构稳定性以及良好的介电和热电性能而被人们广泛研究[17]。然而，未掺杂的 $SrTiO_3$ 的电导率比较低，并且属于宽带隙的半导体（E_g=3.2eV，0K）[18]。在 B 位引入具有混合价态的离子是提高 ABO_3 钙钛矿型化合物电子电导的一种简单方法。同时，氧离子的传导可以通过增加阴离子空位来提高。这些可以通过在 A 位或 B 位阳离子的非等价取代来实现[19]。众所周知，Fe[20,21]、Mn[22,23]、Cr[24~26]在许多钙钛矿结构的化合物中表现出多重价态，从而导致氧的非化学计量比及氧空位的存在。另外，在近期报道的 Bi 掺杂的钙钛矿氧化物中由于 Bi 离子中高度极化的 $6s^2$ 孤对电子使得 Bi^{3+} 的掺杂能够增加氧空位的产生，从而促进氧离子的传导[27]。

基于以上理论及研究成果，设计合成了 Bi 基双钙钛矿型氧化物 $SrBiMTiO_6$

(M=Fe、Mn、Cr)，并且对它们的结构、热稳定性，与 SDC 电解质的物理及化学兼容性、微观组织结构、电子电导及电化学性能进行了综合研究。

5.2　样品的制备

5.2.1　$SrBiMTiO_6$(M=Fe、Mn、Cr) 样品的制备

$SrBiMTiO_6$(M=Fe、Mn、Cr) 系列双钙钛矿氧化物通过传统的固相法合成。首先，将原料 $SrCO_3$(99.99%)、Bi_2O_3(99.999%)、Fe_2O_3(99.99%)、Mn_2O_3(99%)、Cr_2O_3(SP)、TiO_2(99.99%) 按目标产物化学式的化学计量比准确称量。然后，将上述准确称量后的药品置于玛瑙研钵中混合并充分研磨 30min 以上，然后将研磨后的粉末样品转移至刚玉瓷舟中，于箱式炉中 600℃ 煅烧 12h。冷却至室温后，将粉末样品取出，转移至玛瑙研钵中再次充分研磨后并压片，压片后的样品置于管式炉中于 1000℃下烧结 12h，冷却至室温后，将样品取出，置于玛瑙研钵中充分研磨后，取适量粉末样品进行 XRD 测试，得到所需的纯相样品。

5.2.2　$SrBiMTiO_6$(M=Fe、Mn、Cr) 致密样品的制备

首先，分别取适量的 $SrBiFeTiO_6$、$SrBiMnTiO_6$、$SrBiCrTiO_6$ 阴极粉末置于 3 个玛瑙研钵中，分别加入 2~3 滴聚乙烯醇溶液作为黏合剂，仔细研磨 15min，然后将粉末样品在 30MPa 的压力下压成直径为 10mm、厚约 1mm 的薄片状和长宽高分别为 5mm×5mm×25mm 的长条状，要求样品无裂纹。将压制好的样品放入冷等静压机内，以水作为传压介质，在 270MPa 下保持约 15min 后，取出样品，置于马弗炉中于 1000℃下烧结 12h，冷却至室温后，将样品取出，用排水法测得致密样品的致密度均在 90%以上，圆片状和长条状致密样品分别用于直流电导率和线膨胀系数的测试。

5.2.3　$Ce_{0.8}Sm_{0.2}O_{2-\delta}$ (SDC) 电解质的制备

SDC 电解质采用溶胶-凝胶法制备。首先，按目标产物化学式的化学计量比精确称量 $Ce(NO_3)_3 \cdot 6H_2O$(AR) 和 Sm_2O_3(不小于 99.99%) 两种试剂。将称量后的 $Ce(NO_3)_3 \cdot 6H_2O$ 溶于适量的去离子水中，形成 $Ce(NO_3)_3$ 的溶液，其次，将称量后的 Sm_2O_3 置于烧杯中，加入适量去离子水，然后在磁力加热搅拌器上边加热搅拌边滴加硝酸溶液，至其全部溶解形成 $Sm(NO_3)_3$ 溶液，将上述两种溶液混合，加热搅拌 10min 后，按金属离子与柠檬酸摩尔比为 1∶1.5 的量加入柠檬酸，充分加热搅拌 10min 后，加入适量的聚乙二醇 (PEG)，充分加热搅拌 15min 后，将形成透明溶胶转移至陶瓷蒸发皿中。上述溶胶在 70℃下水浴 20h 后得到多孔泡沫状的干凝胶，将所得干凝胶在电炉上煅烧约 15min，除去大部分有机物，

得到淡黄色粉末前驱体。将粉末转移至刚玉瓷舟中，置于管式炉中600℃下煅烧16h以彻底除去样品中的剩余有机物。冷却至室温后，取出粉末样品于玛瑙研钵中充分研磨30min后，加入2~3滴聚乙烯醇溶液作为黏合剂，仔细研磨15min，然后将粉末样品在30MPa的压力下压成直径为15mm，厚约1mm的薄片状。将压制好的样品放入冷等静压机内，以水作为传压介质，在270MPa下保持约15min后取出样品，置于马弗炉中于1400℃下烧结10h，冷却至室温后，将样品取出，用排水法测得其致密度达90%以上。得到的SDC致密片用于半电池的制备。

5.2.4　对称电池的制备

交流阻抗的测试采用的是阴极｜电解质｜阴极构型的对称半电池。分别取适量的$SrBiFeTiO_6$、$SrBiMnTiO_6$、$SrBiCrTiO_6$阴极粉末材料置于3个玛瑙研钵中，再分别加入适量的黏结剂（质量比为97∶3的松油醇与乙基纤维素的混合物），充分研磨，得到分散均匀的阴极浆料。采用如图5-1a所示的丝网印刷技术将制得的阴极浆料对称地印刷在已烧结致密的SDC电解质片的两侧，印刷上去的阴极为0.5cm×0.5cm的正方形，面积为$0.25cm^2$，然后将制备好的对称电池放入烘箱中于80℃烘干15min，然后转移至箱式炉中1000℃烧结2h，冷却至室温后得到如图5-1b所示的对称电池，用于电化学交流阻抗的测试。

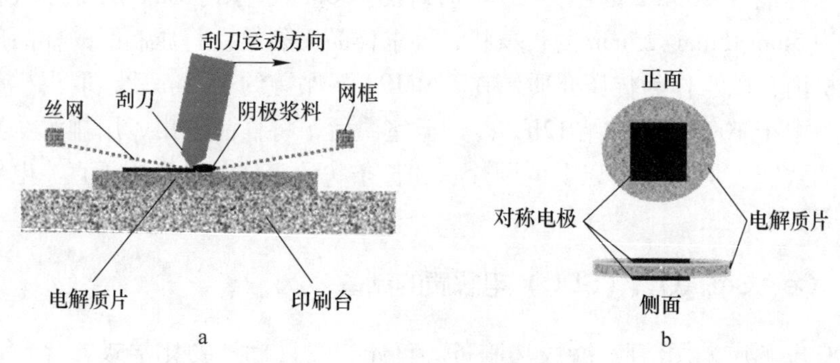

图5-1　丝网印刷和对称电池

a—丝网印刷；b—对称电池

5.3　X射线衍射分析

采用粉末X射线衍射来检测所合成的$SrBiMTiO_6$(M=Fe，Mn，Cr)系列阴极材料和电解质材料的纯度以及电极与电解质材料之间是否发生化学反应而产生新相。所使用的仪器为德国Bruker D8 Focus型X射线粉末衍射仪，采用Cu靶Kα辐射（$\lambda=1.5406\times10^{-10}$m），工作电流为40mA，工作电压为40kV。数据的采集方式为步进式扫描，扫描步长为 0.02°，每步停留时间为 0.5s，扫描范围为 15°~80°。采集到的 XRD 图谱数据采用 MDI Jade 5.0 软件进行相应的分析。

图 5-2 为室温下 $SrBiMTiO_6$(M=Fe、Mn、Cr) 系列阴极材料的粉末 X 射线衍射图谱。从图中可以看出，$SrBiMTiO_6$(M=Fe、Mn、Cr) 系列化合物均为纯相钙钛矿结构，并且均可被指标化为立方晶系 $Pm\bar{3}m$(No. 221) 空间群。从图 5-2 的插图中可以看出，$SrBiMTiO_6$ 中 M 位分别为 Fe、Mn、Cr 时，在 XRD 谱图中 32° 附近的主衍射峰依次向高角度偏移，这说明相应的晶胞参数是依次减小的，这与 M 位的离子半径变化相一致，尽管离子半径 $r_{Fe3+} = r_{Mn3+} = 0.645\times10^{-10}$m 及 $r_{Cr3+} = 0.615\times10^{-10}$m，但是 XPS 结果分析显示在这一系列化合物中，Fe、Mn、Cr 均为变价，化合物中还存在 Fe^{4+}($r = 0.585\times10^{-10}$m)、Mn^{4+}($r = 0.530\times10^{-10}$m) 及 Cr^{6+}($r=0.440\times10^{-10}$m)，因此，平均离子半径 $r_{Fe}>r_{Mn}>r_{Cr}$，导致相应的晶胞参数会依次减小。

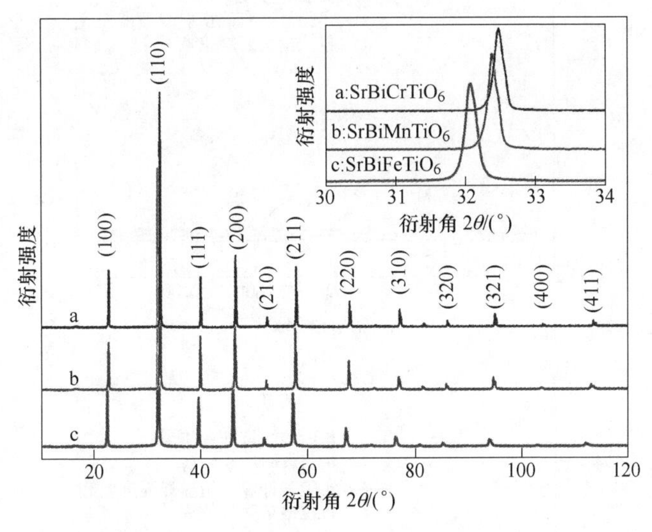

图 5-2　$SrBiMTiO_6$(M=Fe、Mn、Cr) 在室温下的粉末 XRD 图谱

图 5-3 为 $SrBiMTiO_6$(M=Fe、Mn、Cr) 系列阴极材料粉末 XRD 的 Rietveld 精修图谱。从图中可以看出计算得到的衍射图谱与实验测得的衍射图谱吻合的非常好。

Rietveld 精修是在初始的结构模型和结构参数的基础上对晶胞参数、原子位置、占有率及键长和键角等结构信息进一步修正的一种方法。在 Rietveld 精修过程中，可变动的参数有很多，概括起来分为两类：第一类是结构参数，包括晶胞参数、原子的各向同性（或各向异性）温度因子、原子位置及占有率等；第二类是峰型参数，包括峰高参数、峰宽参数、不对称参数、择优取向参数及零位校正等。

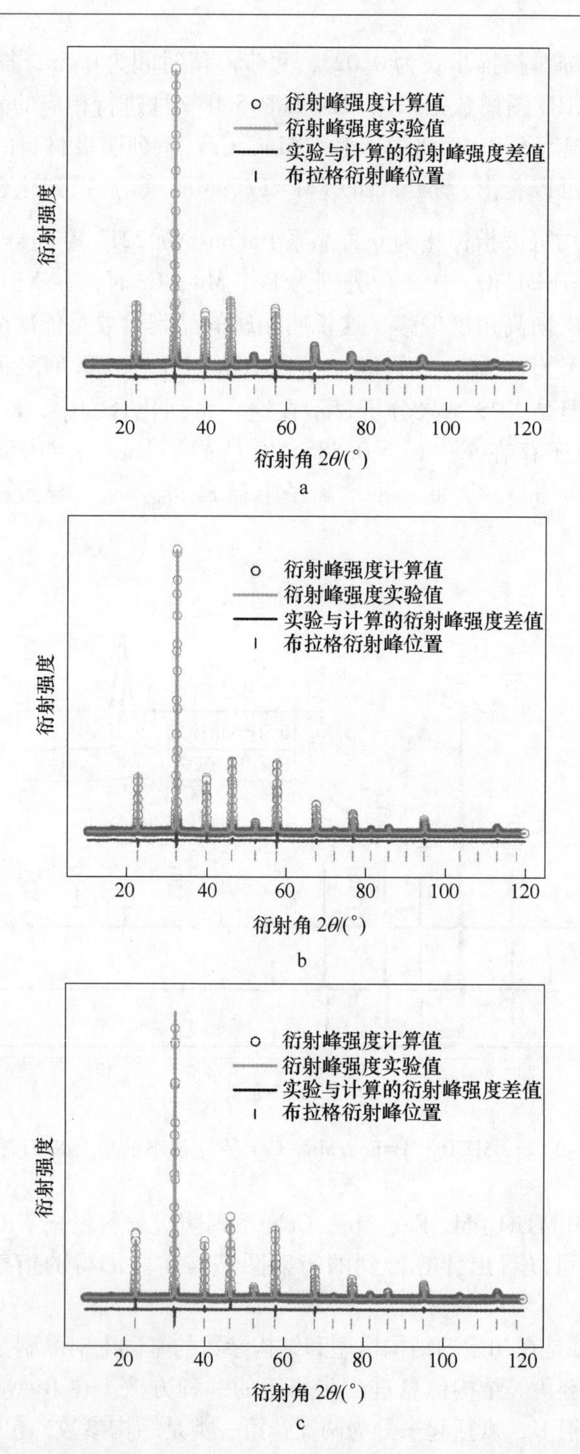

图 5-3 $SrBiMTiO_6$(M=Fe, Mn, Cr) 系列样品 XRD 的 Rietveld 精修图谱

a—$SrBiFeTiO_6$; b—$SrBiMnTiO_6$; c—$SrBiCrTiO_6$

精修所得到的键长和键角等晶胞参数以及各种权重因子见表 5-1。从表中的我们可以看出，$SrBiFeTiO_6$、$SrBiMnTiO_6$ 和 $SrBiCrTiO_6$ 的晶胞参数依次减小，分别为 $3.938(8)\times10^{-10}$m，$3.918(4)\times10^{-10}$m 和 $3.909(6)\times10^{-10}$m，这与前面讨论的 M 位的平均离子半径的变化相一致。

表 5-1　$SrBiMTiO_6$(M=Fe，Mn，Cr）的 Rietveld 精修结果

参数	$SrBiFeTiO_6$	$SrBiMnTiO_6$	$SrBiCrTiO_6$
空间群	Cubic $Pm\bar{3}m$	Cubic $Pm\bar{3}m$	Cubic $Pm\bar{3}m$
a/m	$3.938(8)\times10^{-10}$	$3.918(4)\times10^{-10}$	$3.909(6)\times10^{-10}$
键长/m	Sr(Bi)—O $2.785(1)\times10^{-10}$ Fe(Ti)—O $1.969(4)\times10^{-10}$	Sr(Bi)—O $2.770(7)\times10^{-10}$ Mn(Ti)—O $1.959(2)\times10^{-10}$	Sr(Bi)—O $2.764(5)\times10^{-10}$ Cr(Ti)—O $1.954(8)\times10^{-10}$
键角 /(°)	Sr(Bi)—O—Ti(Fe) 90.00(0) Ti(Fe)—O—Ti(Fe) 180.00(0)	Sr(Bi)—O—Ti(Mn) 90.00(0) Ti(Mn)—O—Ti(Mn) 180.00(0)	Sr(Bi)—O—Ti(Cr) 90.00(0) Ti(Cr)—O—Ti(Cr) 180.00(0)
χ^2	3.451	2.825	2.480
R_p/%	7.13	6.81	7.01
R_{wp}/%	9.17	8.86	8.90

根据 Rietveld 精修的数据，可以得到 $SrBiMTiO_6$(M=Fe，Mn，Cr）系列阴极材料晶体结构，如图 5-4 所示，属于典型的立方结构，Sr 和 Bi 位于立方体顶点，用 wyckoff 符号表示为 1a 位置，坐标为（0，0，0），M(M=Fe、Mn、Cr）和 Ti 原子位于立方体的体心，wyckoff 符号的 1b 位置，坐标为（1/2，1/2，1/2），O 原子位于立方体的面心，wyckoff 符号的 3c 位置，坐标为（0，1/2，1/2）。

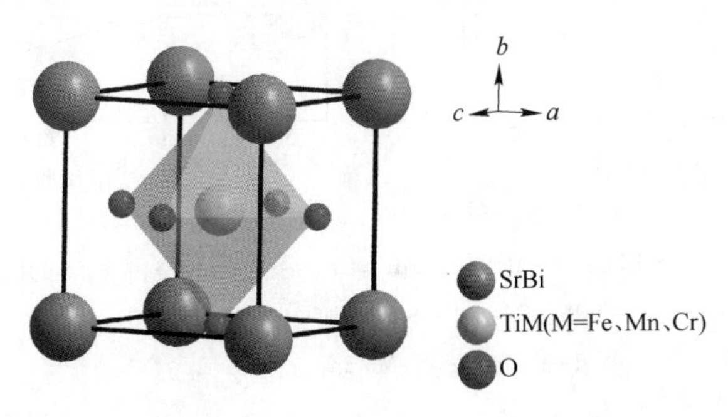

图 5-4　$SrBiMTiO_6$(M=Fe、Mn、Cr）系列阴极材料晶体结构

5.4　X射线光电子能谱分析

图5-5a~c为SrBiMTiO$_6$(M=Fe、Mn、Cr) 系列阴极材料XPS的全图谱。

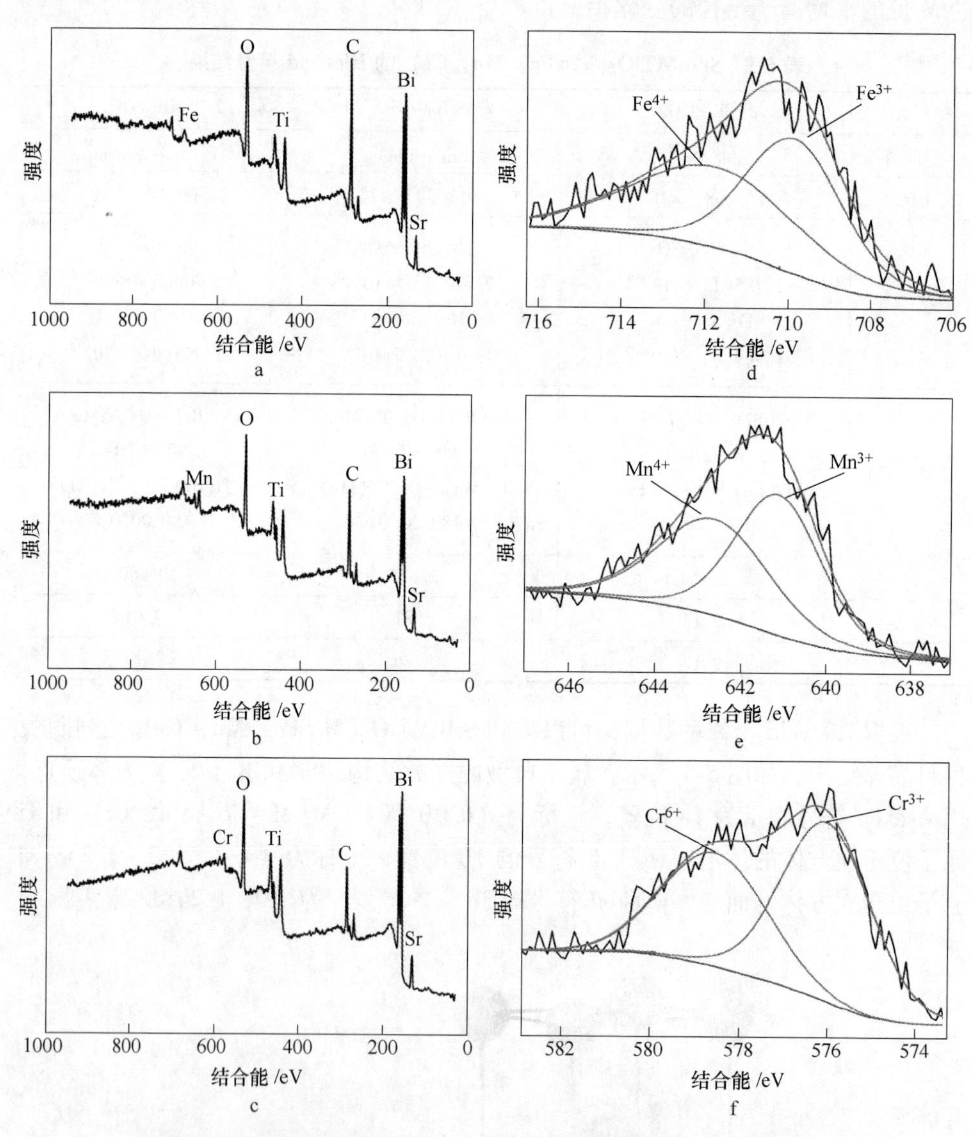

图5-5　SrBiMTiO$_6$(M=Fe、Mn、Cr) 系列样品室温XPS的图谱

a—SrBiFeTiO$_6$；b—SrBiMnTiO$_6$；c—SrBiCrTiO$_6$；

d—Fe 2p$_{3/2}$；e—Mn 2p$_{3/2}$；f—Cr 2p$_{3/2}$

另外，对SrBiMTiO$_6$(M=Fe、Mn、Cr) 系列阴极材料中Fe、Mn和Cr元素分

别进行了窄谱扫描测试，图 5-5d~f 分别为 Fe $2p_{3/2}$、Mn $2p_{3/2}$和 Cr $2p_{3/2}$的分峰拟合后的结果。从图中可以看出，Fe、Mn 和 Cr 三种元素均为变价，其中，Fe 和 Mn 均包含有+3 和+4 价态，而 Cr 由+3 和+6 两种价态组成。

5.5 热重-差示扫描量热法分析

为了研究 $SrBiMTiO_6$(M=Fe、Mn、Cr) 系列阴极材料的热稳定性，对这一系列的样品进行了 TG-DSC 测试。测试在空气气氛下进行，温度范围为室温至 1000℃，测试结果如图 5-6 所示。

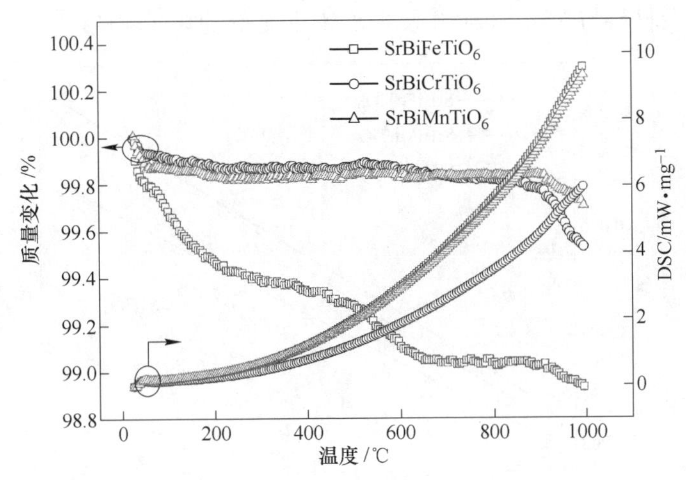

图 5-6 $SrBiMTiO_6$(M=Fe、Mn、Cr) 系列样品室温至 1000℃的 TG-DSC 曲线

从图中可以看出，样品首次出现质量损失是在室温至 100℃之间，这是样品表面所吸附的水和二氧化碳解吸附导致的失重过程。对于 $SrBiFeTiO_6$ 样品来说，在整个温度区间内，样品质量一直在持续降低，而对于 $SrBiMnTiO_6$ 和 $SrBiCrTiO_6$ 样品来说，第二次明显的质量损失出现在 900~1000℃之间。这些明显的质量损失是由于高温下晶格氧的流失而导致的，晶格氧流失之后会形成氧空位，而氧空位是氧离子运输的通道，因此，氧空位的产生有利于氧离子在阴极材料中的传输。在室温到 1000℃的整个温度区间内 $SrBiMnTiO_6$、$SrBiCrTiO_6$ 和 $SrBiFeTiO_6$ 总的质量损失分别为 0.3%、0.5%和 1.1%，这说明了这一系列的样品具有非常高的热稳定性。

5.6 线膨胀系数分析

众所周知，为了确保固体氧化物燃料电池系统的长期稳定性，阴极材料的线膨胀系数应该与所使用的电解质材料的线膨胀系数相匹配，从而保证在使用过程中不会因为阴极材料和电解质材料的热膨胀程度不同致使两者之间连接不紧密，发生开裂或脱落。图 5-7 为 $SrBiMTiO_6$(M=Fe、Mn、Cr) 系列阴极材料在 300~800℃的中低温区间内的热膨胀曲线。

从图 5-7 中可以看出，这一系列的 3 个样品的热膨胀曲线在中低温温度区间内几乎均成线性。通过计算可以得到 $SrBiFeTiO_6$、$SrBiMnTiO_6$ 和 $SrBiCrTiO_6$ 系列样品在 300~800℃温度区间内的平均线膨胀系数分别为 11.1×10^{-6}/K、11.3×10^{-6}/K 和 9.30×10^{-6}/K。所得结果表明，$SrBiMTiO_6$(M=Fe、Mn、Cr) 系列阴极材料的线膨胀系数与常用的固体氧化物燃料电池电解质材料 YSZ(10.8×10^{-6}/K)、LSGM(11.1×10^{-6}/K) 以及 SDC(12.0×10^{-6}/K) 的线膨胀系数非常接近，因此这一系列的阴极材料与 YSZ、LSGM 及 SDC 有非常好的热匹配性。

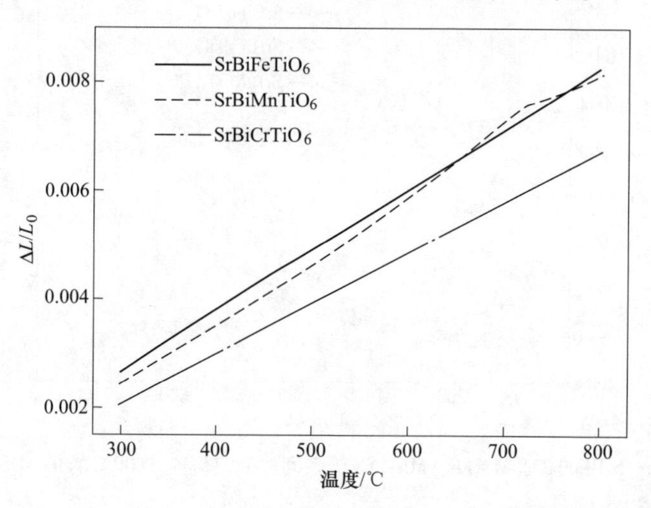

图 5-7　$SrBiMTiO_6$(M=Fe、Mn、Cr) 系列样品在 300~800℃的热膨胀曲线

5.7　化学兼容性分析

对于固体氧化物燃料电池的阴极材料来说，与固体电解质材料的兼容性包括两个方面：一方面是物理兼容性，即阴极材料和固体电解质材料的线膨胀系数要匹配；另一方面是化学兼容性，即阴极材料与固体电解质材料两者之间不发生化学反应。$SrBiMTiO_6$(M=Fe、Mn、Cr) 系列阴极材料与固体电解质材料的物理兼容性前面已经讨论过，两者之间的线膨胀系数相匹配。为了研究这一系列阴极材料与常用的固体电解质 SDC 之间的化学兼容性，将 $SrBiMTiO_6$(M=Fe、Mn、Cr) 系列阴极材料的粉末样品和 SDC 电解质粉末样品按 1∶1 的质量比均匀混合并在玛瑙研钵内充分研磨之后在 1000℃下进行了 5h 的高温烧结，冷却至室温后将两者的混合粉末样品取出，进行 XRD 测试，检测两者之间是否有化学反应而产生的杂相。

图 5-8 为在 1000℃下烧结后的 $SrBiMTiO_6$（M = Fe、Mn、Cr）系列阴极材料和 SDC 电解质的混合物的 XRD 图谱。从图中可以看出，高温烧结后的 XRD 图谱中只包含有 $SrBiMTiO_6$（M = Fe、Mn、Cr）系列阴极材料和 SDC 电解质的衍射峰，没有新的衍射峰出现，说明 $SrBiMTiO_6$（M = Fe、Mn、Cr）系列阴极材料与 SDC 电解质没有化学反应，两者具有非常良好的化学兼容性。

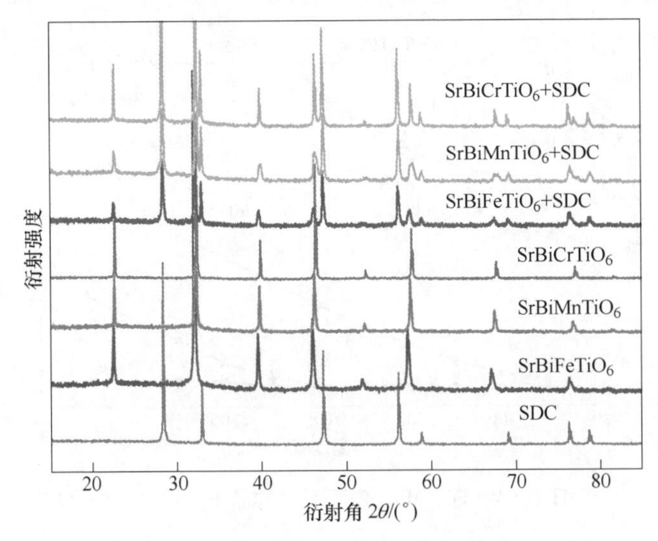

图 5-8　$SrBiMTiO_6$（M = Fe、Mn、Cr）与 SDC 电解质的混合物在 1000℃烧结后的室温 XRD 图谱

5.8　电导率分析

图 5-9 为 $SrBiMTiO_6$（M = Fe、Mn、Cr）系列阴极材料的电导率随温度的变化曲线。在 350~850℃温度区间内，三种阴极材料的电导率均随着温度的升高而增加，呈现出半导体性质。对于 $SrBiFeTiO_6$ 阴极材料来说，其电导率随温度的升高增加非常缓慢。在 850℃，$SrBiFeTiO_6$、$SrBiMnTiO_6$ 和 $SrBiCrTiO_6$ 系列阴极材料的电导率的最大值分别为 0.19S/cm，4.02S/cm 和 1.43S/cm。前面 XPS 结果分析显示 Fe、Mn、Cr 均为混合价态，O 的 2p 轨道和过渡金属的 3p 轨道重叠，使得电子可以通过 M^{n+}—O^{2-}—M^{m+} 的形式在不同价态的金属离子间跳跃从而形成电子电导，属于小极化子跳跃机制。与 $SrBiMnTiO_6$ 阴极材料相比较而言，$SrBiFeTiO_6$ 和 $SrBiCrTiO_6$ 这两种阴极材料的电导率较低，主要原因是在这两种化合物中 Fe^{3+} 和 Cr^{6+} 分别具有 d^5 和 d^0 的稳定电子构型，使得电子不易在 Fe^{3+} 和 Cr^{6+} 上发生转移，所以电导率比较低。

小极化子跳跃机制的电导率与温度的关系满足阿伦尼乌斯（Arrhenius）公式：

$$\sigma = \frac{A}{T}\exp\frac{-E_a}{kT} \tag{5-1}$$

式中，E_a为电子跳跃的活化能；k、T 和 A 分别为玻耳兹曼常数、温度和指前因子。

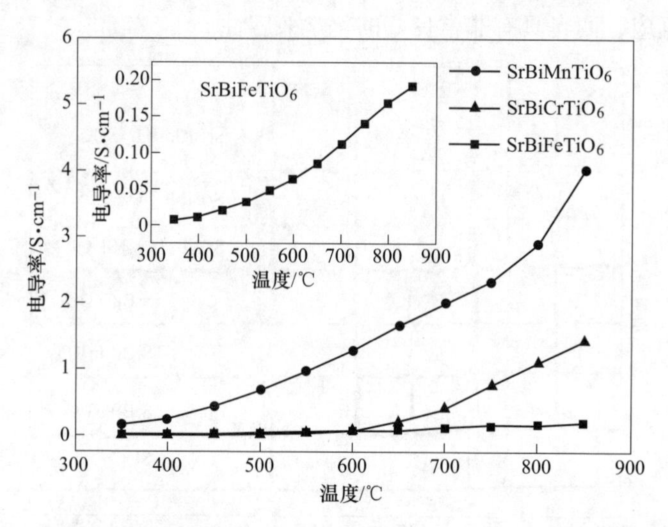

图 5-9 SrBiMTiO$_6$(M=Fe、Mn、Cr) 系列样品不同温度下的直流电导率

根据电导率与温度的关系式（5-1），以 ln(σT) 对 1000/T 进行作图，然后进行阿伦尼乌斯（Arrhenius）线性拟合，结果如图 5-10 所示。由线性拟合的结

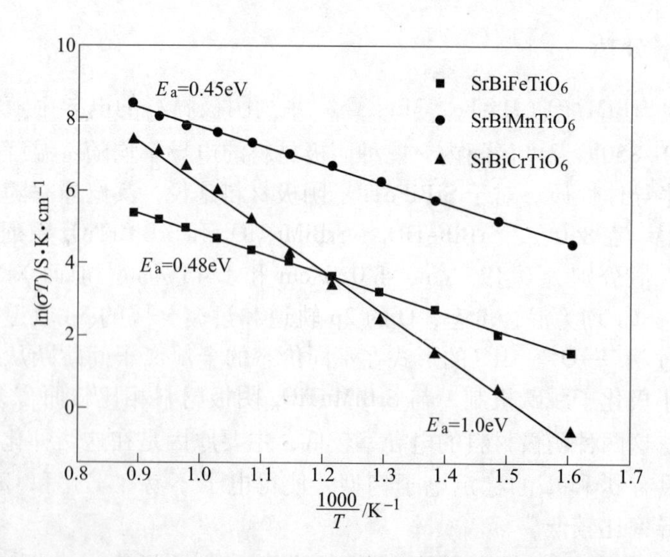

图 5-10 SrBiMTiO$_6$(M=Fe、Mn、Cr) 系列样品直流电导率的 Arrhenius 拟合

果可以推算出 $SrBiFeTiO_6$、$SrBiMnTiO_6$ 和 $SrBiCrTiO_6$ 系列阴极材料的活化能 E_a 分别为 0.48eV、0.45eV 和 1.0eV。$SrBiMnTiO_6$ 的活化能最低，说明电子通过 $Mn^{3+}—O^{2-}—Mn^{4+}$ 跳跃所需要的能量最低，因此其电导率最高。另外，电导率测试的结果与样品的致密度有很大关系，本实验中用于直流电子电导测试的 $SrBiMTiO_6$(M=Fe、Mn、Cr) 系列阴极材料致密样品片通过阿基米德排水法测得的致密度大小顺序为 $SrBiMnTiO_6 > SrBiFeTiO_6 > SrBiCrTiO_6$，加上 Cr^{6+} 具有稳定的 d^0 电子构型，电子在其上得失转移比较困难，致使 $SrBiCrTiO_6$ 样品在这 3 种阴极材料中具有最高的活化能。

5.9 电化学交流阻抗分析

图 5-11 为 $SrBiMTiO_6$ | SDC | $SrBiMTiO_6$（其中 M=Fe、Mn、Cr）构型的对称电池在不同温度的空气气氛下测得的交流阻抗谱及等效电路。用等效电路的方法

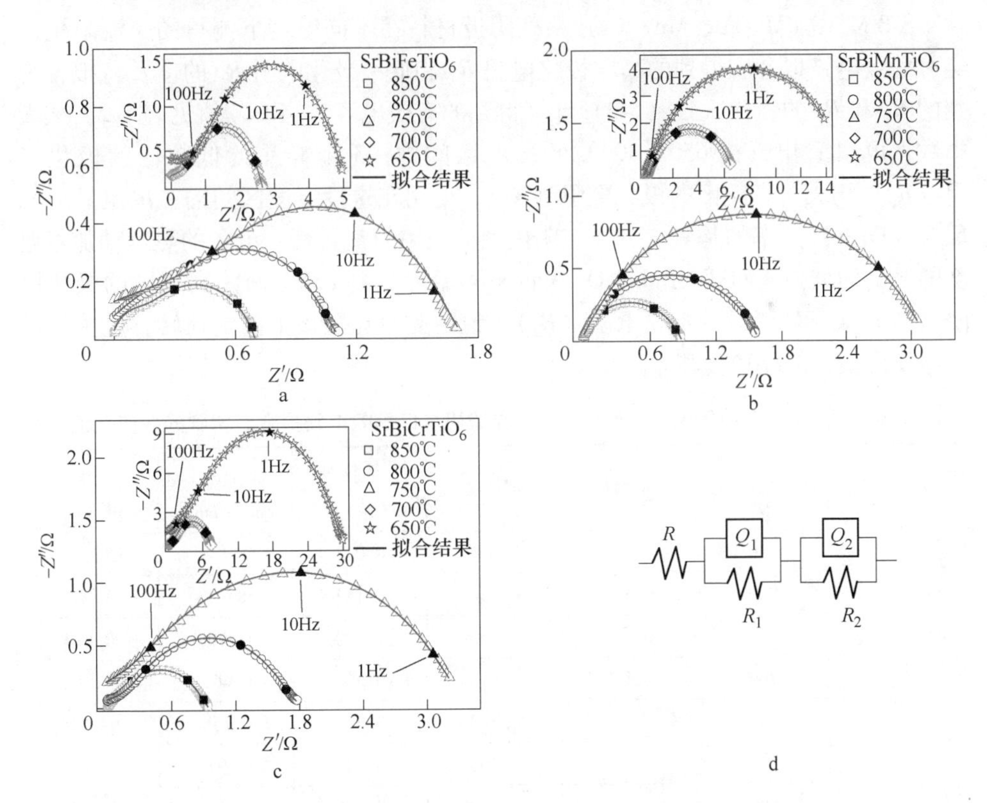

图 5-11 $SrBiMTiO_6$(M=Fe、Mn、Cr) 不同温度下交流阻抗谱及等效电路

a—$SrBiFeTiO_6$ 交流阻抗谱；b—$SrBiMnTiO_6$ 交流阻抗谱；

c—$SrBiCrTiO_6$ 交流阻抗谱；d—等效电路

来研究交流阻抗谱能够使我们更详细地理解发生在电池内部的一些过程。经过不断地尝试发现，所测得的交流阻抗谱与等效电路 $R(Q_1R_1)(Q_2R_2)$ 拟合的结果吻合度最高，等效电路如图 5-11d 所示。在等效电路 $R(Q_1R_1)(Q_2R_2)$ 中，R 代表整体的欧姆电阻，Q_1 和 Q_2 为常相位角元件[28]。R_1 代表高频区的极化电阻，它与氧离子从三相界面（阴极，电解质，空气）向电解质中迁移和扩散的过程中的电荷转移有关。R_2 代表低频区的极化阻抗，它与氧气的吸附解离有关[29]。

通过等效电路拟合，可以得出 R_1 和 R_2 的数值，然后可以通过式（5-2）计算出有效电容 C_1 和 C_2。

$$C = \frac{(RQ)^{1/n}}{R} \tag{5-2}$$

$SrBiMTiO_6$(M=Fe、Mn、Cr) 系列阴极材料在不同温度下测得的交流阻抗谱经过等效电路拟合后得到的高频极化电阻 R_1 和低频极化电阻 R_2 的值及将拟合得到的 R_1 和 R_2 的值代入式（5-2）计算得到的有效电容 C_1 和 C_2 值见表 5-2。从表中数据可以看出，在 650 ~ 800℃ 的温度区间内，3 个样品的低频区的极化电阻（R_2）均大于高频区的极化电阻（R_1），说明在这段温度区间内，决定氧还原反应（ORR）速率的是氧气分子在阴极上的吸附解离过程。电子的热运动随着温度的升高而增强，对于 $SBMnTiO_6$ 来说，当温度达到 850℃ 时，高频区的极化电阻（R_1）大于低频区的极化电阻（R_2），说明此时在阴极上的电荷转移成为氧的还原反应快慢的决速步骤。

表 5-2 $SrBiMTiO_6$(M=Fe、Mn、Cr) 交流阻抗谱等效电路拟合后得到的各参数值

样品	T/℃	R_1/Ω	R_2/Ω	ASR_p /$\Omega \cdot cm^2$	C_1 /$mF \cdot cm^{-2}$	C_2 /$mF \cdot cm^{-2}$
$SrBiFeTiO_6$	850	0. 154	0. 556	0. 077	2. 474	20. 541
	800	0. 394	0. 830	0. 132	58. 113	4. 989
	750	0. 973	1. 066	0. 220	41. 139	0. 899
	700	1. 555	1. 814	0. 364	0. 461	48. 026
	650	2. 556	3. 868	0. 694	0. 158	62. 436
$SrBiMnTiO_6$	850	0. 599	0. 305	0. 104	58. 913	31. 615
	800	0. 467	1. 149	0. 186	22. 358	44. 839
	750	0. 150	3. 034	0. 367	76. 003	22. 496
	700	0. 678	6. 168	0. 789	14. 020	19. 126
	650	1. 441	14. 220	1. 806	19. 535	25. 413

续表 5-2

样品	T/℃	R_1/Ω	R_2/Ω	ASR_p /Ω · cm^2	C_1 /mF · cm^{-2}	C_2 /mF · cm^{-2}
$SrBiCrTiO_6$	850	0.337	0.633	0.114	65.387	20.902
	800	0.898	1.183	0.244	5.236	27.700
	750	1.458	2.421	0.455	3.285	24.553
	700	4.859	5.533	1.218	0.061	22.948
	650	12.280	20.660	3.862	3.673	28.020

交流阻抗谱弧线的高频端和低频端在 X 轴上的截距对应着电解质两侧电极的极化电阻的总和 R_p，即 $R_p=R_1+R_2$。对于对称电池样品，为了更好地描述和比较电极过程，通常采用界面极化电阻 ASR_p表示：

$$ASR_p = A\frac{R_p}{2} \quad (\Omega \cdot cm^2) \tag{5-3}$$

式中，A 为电极的面积，本实验中为 0.25cm^2；R_p为对称电极总的极化电阻，除以 2 之后得到单侧电极的极化电阻。

图 5-12 为 $SrBiMTiO_6$(M=Fe、Mn、Cr) 系列阴极材料与 SDC 电解质的界面极化电阻 ASR_p随温度的变化关系。从图中可以看出随着温度的升高界面极化电阻显著降低，当温度从 650℃升高至 850℃，$SrBiFeTiO_6$、$SrBiMnTiO_6$ 和 $SrBiCrTiO_6$ 系列阴极材料与 SDC 电解质的界面极化电阻分别从 0.694Ω · cm^2，1.806Ω · cm^2，3.862Ω · cm^{2}降低至 0.077Ω · cm^2，0.104Ω · cm^2，0.114Ω · cm^2。

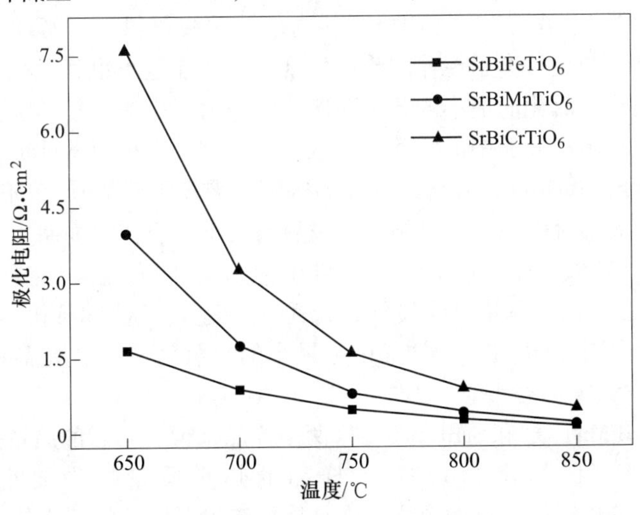

图 5-12　$SrBiMTiO_6$(M=Fe、Mn、Cr) 与 SDC 电解质的界面极化电阻随温度的变化关系

同前面所讨论的电导率与温度的关系一样，利用式（5-1）的形式对650～850℃温度区间内$SrBiMTiO_6$(M=Fe、Mn、Cr）系列阴极材料与SDC电解质的界面极化电阻进行Arrhenius拟合：以$\ln(1/ASR_p)$对$1000/T$作图，然后进行线性拟合，拟合结果如图5-13所示。

根据线性拟合得到的直线斜率，可以推算出相应的活化能E_a的大小。经过计算得到在650～850℃的温度区间内$SrBiFeTiO_6$、$SrBiMnTiO_6$和$SrBiCrTiO_6$系列阴极材料的活化能E_a分别为0.967eV、1.282eV和1.554eV。

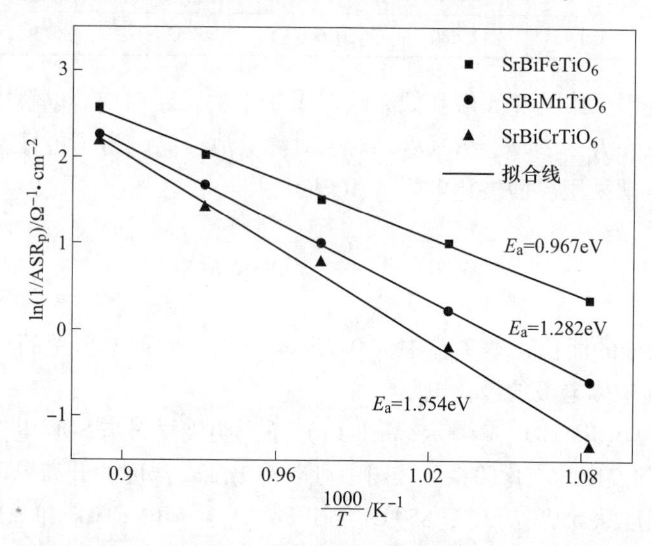

图5-13 $SrBiMTiO_6$(M=Fe、Mn、Cr）与SDC电解质的界面极化电阻的Arrhenius拟合

此处活化能E_a是氧离子在阴极材料内部及阴极材料和电解质之间传输所需要的能量，反映的是氧离子传输的难易程度，活化能越小也就说明越有利于氧离子的传输。因此，活化能最小的$SrBiFeTiO_6$阴极材料中氧离子传输是最好的，这是因为在$SrBiFeTiO_6$样品中的氧离子空位最多，这一点可以从前面讨论的样品热重变化可以看出。$SrBiFeTiO_6$样品在高温区随着温度的升高质量损失最多，表明该样品中晶格氧的流失最多，晶格氧流失后会留下氧空位，而氧空位是氧离子传输的载体，所以氧空位越多，越有利于氧离子的传输。质量损失最多的$SrBiFeTiO_6$样品中由于晶格氧流失形成的氧空位最多，所以得到的其与SDC电解质的界面极化电阻ASR_p在三个样品中是最小的，氧离子传输所需要的活化能E_a最小。

而对于$SrBiMnTiO_6$和$SrBiCrTiO_6$这两个样品来说，两者的质量损失随温度的变化相差不大，但均比$SrBiFeTiO_6$样品的热重质量损失要小很多，因此$SrBiMnTiO_6$和$SrBiCrTiO_6$这两个样品中晶格氧流失后留下的氧空位数量相差不多但要明显少于$SrBiFeTiO_6$样品中氧空位的数量。可是由拟合结果可以看到

$SrBiCrTiO_6$和 $SrBiMnTiO_6$ 这两个样品拟合得到的活化能 E_a 却存在明显差异，这是由 $SrBiCrTiO_6$ 和 $SrBiMnTiO_6$ 两者的线膨胀系数差异所造成的。前面已经讨论了在中低温 300~800℃温度区间内 $SrBiCrTiO_6$ 和 $SrBiMnTiO_6$ 的平均线膨胀系数分别为 $9.30\times10^{-6}/K$ 和 $11.3\times10^{-6}/K$，而本实验中所使用的固体电解质材料为 SDC，其平均线膨胀系数为 $12.0\times10^{-6}/K$，因此，与 $SrBiCrTiO_6$ 相比较而言，$SrBiMnTiO_6$ 阴极材料与 SDC 电解质的线膨胀系数更加匹配。

众所周知，在制备对称电池时的高温烧结过程及电化学交流阻抗测试过程中温度的变化会导致电极及电解质材料的体积发生非常微小的变化。在本研究中，由于 $SrBiMnTiO_6$ 阴极材料与 SDC 电解质线膨胀系数相匹配从而保证在对称电池的制备烧结以及交流阻抗测试过程中两者之间能够保持很好的紧密接触，而 $SrBiCrTiO_6$在中低温区的平均线膨胀系数比 SDC 电解质的要低，在实验过程中由于温度的变化导致 $SrBiCrTiO_6$ 阴极层与 SDC 电解质层两者之间的界面接触没有比 $SrBiMnTiO_6$ 和 $SrBiFeTiO_6$ 阴极界面与 SDC 电解质界面接触的紧密，所以氧离子在界面处的传导受到的阻力就会相对较大一些，所需要的活化能就相对较大一些。经过对称电池的电化学交流阻抗谱测试得到的 $SrBiMTiO_6$(M=Fe、Mn、Cr）系列阴极材料与 SDC 电解质的界面极化电阻大小顺序为 $ASR_p(SrBiCrTiO_6) > ASR_p(SrBiMnTiO_6) > ASR_p(SrBiFeTiO_6)$，而通过对阴极与 SDC 电解质的界面极化电阻进行 Arrhenius 拟合得到的活化能的大小顺序为 $E_a(SrBiCrTiO_6) > E_a(SrBiMnTiO_6) > E_a(SrBiFeTiO_6)$。

另外，电极的效率不仅取决于它固有的性质，而且还与其他因素有关，例如，微观结构（孔隙率及晶粒尺寸等）对气体的传输及电化学反应的活性位点数量等有非常大的影响。烧结温度是另一个需要考虑的重要因素。烧结会使晶粒长大，增加晶粒之间的接触，而另一方面又会降低电极的孔隙率，减少由电极、电解质和空气组成的三相界面。多孔电极表面组分的任何改变对电极的性质都可能会有很大的影响，在本研究中，为了对这一系列电极性质进行比较，所有的电极均在同一温度（1000℃）下烧结。

5.10 扫描电子显微镜分析

图 5-14 为 $SrBiMTiO_6$ | SDC | $SrBiMTiO_6$(M=Fe、Mn、Cr）构型的对称电池截面的 SEM 照片。从图中可以很清楚的看出对称电池的三层结构。从右下角的放大图中，可以看出电极层为疏松结构，这种结构有利于氧气的扩散，而电解质层非常致密，阻止氧气扩散，只允许在电极上吸附解离后的氧离子在其中扩散传输。并且，电极层和电解质层接触的非常好，没有明显的裂痕。值得一提的是，虽然前面我们讨论的 $SrBiCrTiO_6$ 阴极材料的线膨胀系数比 SDC 电解质要小，但是并没有达到两者不匹配的程度，因此在两者界面不会出现明显的分离，即使在扫

描电镜下也不会看到明显的裂痕。

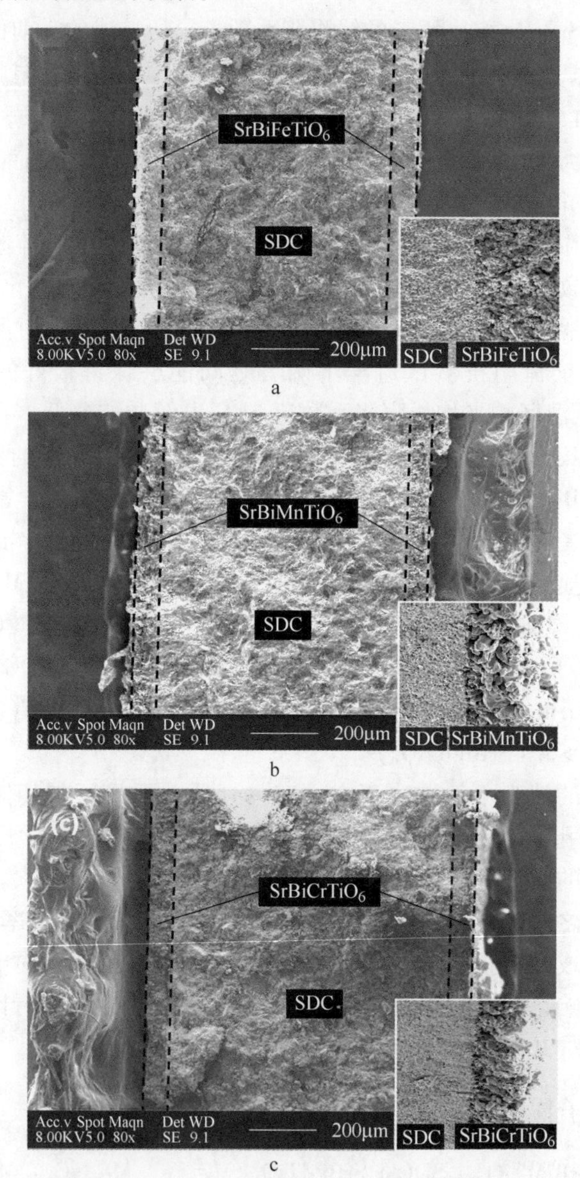

图 5-14 SrBiMTiO$_6$ | SDC | SrBiMTiO$_6$(M=Fe、Mn、Cr) 构型的对称电池截面的 SEM 照片

a—SrBiFeTiO$_6$ | SDC | SrBiFeTiO$_6$; b—SrBiMnTiO$_6$ | SDC | SrBiMnTiO$_6$;

c—SrBiCrTiO$_6$ | SDC | SrBiCrTiO$_6$

综合以上实验结果表明，尽管 SrBiMTiO$_6$(M=Fe、Mn、Cr) 系列阴极材料的电导率没有预期的高，但是该系列材料具有较低的界面极化电阻，较高的热稳定

性以及与 SDC 电解质良好的兼容性。另外，最近一些文献报道了多种低电导率的阴极材料在固体氧化物燃料电池中成功应用，例如，$BaZr_{0.6}Co_{0.4}O_3$(5.24S/cm)[30]、$Bi_{0.5}Sr_{0.5}FeO_{3-\delta}$（小于 2S/cm）[31]、$NiFe_{1.5}Co_{0.5}O_4$(0.24S/cm)[32]、$BaCe_{0.4}Sm_{0.2}Co_{0.4}O_{3-\delta}$(0.15S/cm)[33]、$BaCe_{0.4}Sm_{0.2}Fe_{0.4}O_{3-\delta}$(0.035S/cm)[34]以及$BaCe_{0.5}Bi_{0.5}O_{3-\delta}$(0.1S/cm)[35]等。而 $SrBiMTiO_6$(M=Fe、Mn、Cr）系列材料同样属于低电导率阴极材料，通过以上研究结果表明，在这一系列的阴极材料中，$SrBiMnTiO_6$ 具有最高的电导率，较低的界面极化阻抗及与 SDC 电解质非常良好的兼容性等性质，使得其在这三者之中应用前景最为广阔，未来可通过优化电极的制作过程及调控电极的微观组织形貌进一步提高其性能。

5.11 总结

通过传统的固相法合成了 $SrBiMTiO_6$(M=Fe、Mn、Cr）系列新型的双钙钛矿型氧化物。XRD 分析表明它们均为立方相、$Pm\bar{3}m$ 空间群。XPS 结果显示 Fe、Mn、Cr 均为混合价态。热重分析证明这一系列阴极材料均具有很好的热稳定性。$SrBiMTiO_6$(M=Fe，Mn，Cr）系列阴极粉末与 SDC 粉末混合物经高温烧结后的 XRD 结果表明它们与 SDC 电解质有非常好的化学兼容性。与 $SrBiMnTiO_6$ 电极相比较，$SrBiCrTiO_6$ 和 $SrBiFeTiO_6$ 的电导率较低。在 850℃，$SrBiMTiO_6$(M=Fe、Mn、Cr）系列电极的界面极化电阻最低，分别为 0.077Ω·cm²、0.104Ω·cm² 和 0.114 Ω·cm²。

参 考 文 献

[1] Dass R, Yan J Q, J, et al. Ruthenium double perovskites: transport and magnetic properties [J]. Physical Review B, 2004, 69: 094416.

[2] Kobayashi K I, Kimura T, Sawada H, et al. Room-temperature magnetoresistance in an oxide material with an ordered double-perovskite structure [J]. Nature, 1998, 395: 677-680.

[3] Azuma M, Takata K, Saito T, et al. Designed ferromagnetic, ferroelectric Bi_2NiMnO_6 [J]. Journal of the American Chemical Society, 2005, 127: 8889-8892.

[4] Wang D H, Goh W C, Ning M, et al. Effect of Ba doping on magnetic, ferroelectric, and magnetoelectric properties in mutiferroic $BiFeO_3$ at room temperature [J]. Applied Physics Letters, 2006, 88: 212907-212909.

[5] Flahaut D, Mihara T, Funahashi R, et al. Thermoelectrical properties of A-site substituted $Ca_{1-x}Re_xMnO_3$ system [J]. Journal of Applied Physics, 2006, 100: 084911-084914.

[6] Vidal K, Rodriguez-Martinez L M, Ortega-San-Martin L, et al. Effect of the A cation size disorder on the properties of an Iron perovskite series for their use as cathodes for SOFCs [J]. Fuel

Cells, 2011, 11: 51-58.

[7] Shao Z, Haile S M. A high-performance cathode for the next generation of solid-oxide fuel cells [J]. Nature, 2004, 431: 170-173.

[8] Perry Murray E, Sever M, Barnett S. Electrochemical performance of (La, Sr)(Co, Fe)O_3-(Ce, Gd)O_3 composite cathodes [J]. Solid State Ionics, 2002, 148: 27-34.

[9] Xia C, Rauch W, Chen F, et al. $Sm_{0.5}Sr_{0.5}CoO_3$ cathodes for low-temperature SOFCs [J]. Solid State Ionics, 2002, 149: 11-19.

[10] Zhou W, Ran R, Shao Z, et al. Evaluation of A-site cation-deficient $(Ba_{0.5}Sr_{0.5})_{1-x}Co_{0.8}Fe_{0.2}O_{3-\delta}$ ($x > 0$) perovskite as a solid-oxide fuel cell cathode [J]. Journal of Power Sources, 2008, 182: 24-31.

[11] McIntosh S, Vente J F, Haije W G, et al. Oxygen stoichiometry and chemical expansion of $Ba_{0.5}Sr_{0.5}Co_{0.8}Fe_{0.2}O_{3-\delta}$ measured by in situ neutron diffraction [J]. Chemistry of Materials, 2006, 18: 2187-2193.

[12] Nagai T, Ito W, Sakon T. Relationship between cation substitution and stability of perovskite structure in $SrCoO_{3-\delta}$ based mixed conductors [J]. Solid State Ionics, 2007, 177: 3433-3444.

[13] Švarcová S, Wiik K, Tolchard J, et al. Structural instability of cubic perovskite $Ba_xSr_{1-x}Co_{1-y}Fe_yO_{3-\delta}$ [J]. Solid State Ionics, 2008, 178: 1787-1791.

[14] Hou S, Alonso J A, Goodenough J B. Co-free, iron perovskites as cathode materials for intermediate-temperature solid oxide fuel cells [J]. Journal of Power Sources, 2010, 195: 280-284.

[15] Zhang C, Zhao H. A novel cobalt-free cathode material for proton-conducting solid oxide fuel cells [J]. Journal of Materials Chemistry, 2012, 22: 18387-18394.

[16] Niu Y, Zhou W, Sunarso J, et al. High performance cobalt-free perovskite cathode for intermediate temperature solid oxide fuel cells [J]. Journal of Materials Chemistry, 2010, 20: 9619-9622.

[17] Kovalevsky A V, Yaremchenko A A, Populoh S, et al. Effect of A-Site cation deficiency on the thermoelectric performance of donor-substituted strontium titanate [J]. The Journal of Physical Chemistry C, 2014, 118: 4596-4606.

[18] Choi G M, Tuller H L, Goldschmidt D. Electronic-transport behavior in single-crystalline $Ba_{0.03}Sr_{0.97}TiO_3$ [J]. Physical Review B, 1986, 34: 6972.

[19] Pérez-Flores J C, Pérez-Coll D. A-and B-Site Ordering in the A-Cation-Deficient Perovskite Series $La_{2-x}NiTiO_{6-\delta}$ ($0 \leqslant x < 0.20$) and Evaluation as Potential Cathodes for Solid Oxide Fuel Cells [J]. Chemistry of Materials, 2013, 25: 2484-2494.

[20] Neenu Lekshmi P, Savitha Pillai S, Suresh K, et al. Room temperature relaxor ferroelectricity and spin glass behavior in Sr_2FeTiO_6 double perovskite [J]. Journal of Alloys and Compounds, 2012, 522: 90-95.

[21] Lohne Ø F, Gurauskis J, Phung T N, et al. Effect of B-site substitution on the stability of $La_{0.2}Sr_{0.8}Fe_{0.8}B_{0.2}O_{3-\delta}$, B=Al, Ga, Cr, Ti, Ta, Nb [J]. Solid State Ionics, 2012, 225: 186-189.

[22] Tong W, Zhang B, Tan S, et al. Probability of double exchange between Mn and Fe in $LaMn_{1-x}Fe_xO_3$ [J]. Physical Review B, 2004, 70: 014422.

[23] Bao W, Axe J, Chen C, et al. Impact of charge ordering on magnetic correlations in perovskite $(Bi,Ca)MnO_3$ [J]. Physical Review Letters, 1997, 78: 543.

[24] Kasinathan D, Singh D J. Electronic structure of Cr-doped $SrRuO_3$: supercell calculations [J]. Physical Review B, 2006, 74: 195106.

[25] Lu H, Zhu L, Kim J P, et al. Perovskite $La_{0.6}Sr_{0.4}B_{0.2}Fe_{0.8}O_{3-\delta}$ (B=Ti, Cr, Co) oxides: structural, reduction-tolerant, sintering, and electrical properties [J]. Solid State Ionics, 2012, 209: 24-29.

[26] Dabrowski B, Kolesnik S, Chmaissem O, et al. Increase of ferromagnetic ordering temperature by the minority-band double-exchange interaction in $SrRu_{1-x}Cr_xO_3$ [J]. Physical Review B, 2005, 72: 054428.

[27] Huang S, Gao F, Meng Z, et al. Bismuth-based pervoskite as a high-performance cathode for intermediate-temperature solid-oxide fuel cells [J]. Chem Electro Chem, 2014, 1: 554-558.

[28] Escudero M J, Aguadero A, Alonso J A, et al. A kinetic study of oxygen reduction reaction on La_2NiO_4 cathodes by means of impedance spectroscopy [J]. Journal of Electroanalytical Chemistry, 2007, 611: 107-116.

[29] Hu Y, Bogicevic C, Bouffanais Y, et al. Synthesis, physical-chemical characterization and electrochemical performance of $GdBaCo_{2-x}Ni_xO_{5+\delta}$ ($x=0\sim0.8$) as cathode materials for IT-SOFC application [J]. Journal of Power Sources, 2013, 242: 50-56.

[30] Rao Y, Zhong S, He F, et al. Cobalt-doped $BaZrO_3$: A single phase air electrode material for reversible solid oxide cells [J]. International Journal of Hydrogen Energy, 2012, 37: 12522-12527.

[31] Niu Y, Sunarso J, Zhou W, et al. Evaluation and optimization of $Bi_{1-x}Sr_xFeO_{3-\delta}$ perovskites as cathodes of solid oxide fuel cells [J]. International Journal of Hydrogen Energy, 2011, 36: 3179-3186.

[32] Rao Y, Wang Z, Chen L, et al. Structural, electrical, and electrochemical properties of cobalt-doped $NiFe_2O_4$ as a potential cathode material for solid oxide fuel cells [J]. International Journal of Hydrogen Energy, 2013, 38: 14329-14336.

[33] Zhang C, Zhao H. A novel cathode material $BaCe_{0.4}Sm_{0.2}Co_{0.4}O_{3-\delta}$ for proton conducting solid oxide fuel cell [J]. Electrochemistry Communications, 2011, 13: 1070-1073.

[34] Hui Z, Michèle P. Preparation, chemical stability, and electrical properties of $Ba(Ce_{1-x}Bi_x)O_3$ ($x=0.0\sim0.5$) [J]. Journal of Materials Chemistry, 2002, 12: 3787-3791.

[35] Tao Z, Bi L, Yan L, et al. A novel single phase cathode material for a proton-conducting SOFC [J]. Electrochemistry Communications, 2009, 11: 688-690.

6 $LaBa_{0.5}Sr_{0.5-x}Ca_xCo_2O_{5+\delta}$($x=0$，0.25)阴极材料的制备及性能研究

6.1 引言

固体氧化物燃料电池（SOFC）是一种能量转换装置，它可以不经过燃烧过程而直接将储存在燃料和氧化剂中的化学能转换成电能，由于其清洁高效的特点而备受人们关注[1,2]。目前，SOFC 的发展趋势是中温化，即将 SOFC 较高的工作温度（大于 1000℃）降低至中温区（600~800℃）。温度的降低可以增加材料的选择范围，解决 SOFC 材料组成之间的热匹配问题以及降低 SOFC 的制作和运行成本。但是，SOFC 温度的降低还会带来很多其他负面的影响，例如，会使传统的阴极材料电导率以及电化学催化性能降低，影响电池的输出性能[3,4]。因此，寻找在中温区具有较高电子电导和电化学催化性能的阴极材料对于加快 SOFC 的中温化进程有非常大的意义。

近年来，很多课题组对层状钙钛矿 $LnBaCo_2O_{5+\delta}$（LnBCO，Ln = La，Pr，Nd，Sm 和 Gd）进行了大量的研究，这类化合物比传统的 ABO_3 型钙钛矿化合物具有更高的电子电导和氧离子的交换系数及扩散系数[5~8]。LnBCO 系列化合物可以看做是由…|CoO 层|BaO 层|CoO 层|LnO 层|CoO 层|…沿着 *c* 轴方向交替排列而成，其晶体结构如图 6-1 所示。在这一系列 A 位有序排列的双钙钛矿化合物中，氧空位局限于 LnO 层，这种特殊的氧空位分布为氧离子在体相材料中的快速传输提供了通道，这类材料的体扩散系数很高[9]。

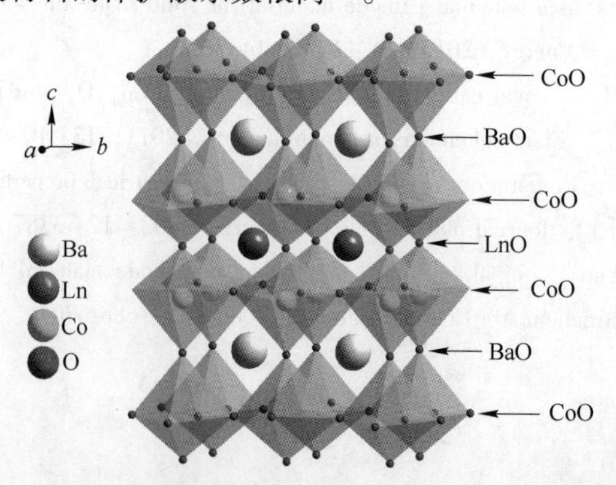

图 6-1　层状有序双钙钛矿型化合物 $LnBaCo_2O_{5+\delta}$ 的晶体结构

另外，很多课题组的研究报道称用 Sr^{2+} 来取代 LnBCO 中的 Ba^{2+} 能够有效地提高材料的电学及电化学催化性能[10~13]。由于 Ln^{3+} 和 Sr^{2+} 的离子半径差小于 Ln^{3+} 和 Ba^{2+} 之间的离子半径差，所以用 Sr^{2+} 取代 Ba^{2+} 后会导致配位数和氧含量的增加，这样又会致使 Co^{4+} 的含量增加，有利于增加电子电导。对于 LnBCO 这一系列材料来说，它们有一个较大的缺点就是线膨胀系数过大，在电池的制备和工作过程中会导致其与电解质层之间接触性不好，从而影响电池的输出性能。因此，有研究者用 Cu、Fe、Ni 和 Mn 等过渡金属来取代 Co 来降低材料的线膨胀系数[14~17]。但是，这样却牺牲了 Co 基钙钛矿化合物原有的高电导率和 ORR 催化活性的优点。Yoo 等[18]经过研究称用 Ca^{2+} 取代部分 $NdBaCo_2O_{5+\delta}$ 中的 Ba^{2+} 后，不但降低了材料的线膨胀系数，而且还提高了材料的电导率和电化学催化活性以及 SOFC 电池的长期稳定性。

基于以上的研究发现，本研究用 Ca^{2+} 对 $LaBa_{0.5}Sr_{0.5}Co_2O_{5+\delta}$（LBSC）中的 Sr^{2+} 进行了部分取代，合成了 $LaBa_{0.5}Sr_{0.25}Ca_{0.25}Co_2O_{5+\delta}$（LBSCC）双钙钛矿型化合物，并重点研究了 Ca 的掺杂对材料的电学、电化学及热膨胀性能的影响。

6.2 样品的制备

6.2.1 LBSC 和 LBSCC 样品的制备

采用溶胶-凝胶法制备 LBSC 和 LBSCC 样品。首先，按目标产物化学式的化学计量比精确称量 La_2O_3(99.99%)、$Ba(NO_3)_2$（不小于 99.5%)、$Sr(NO_3)_2$(99.9%)、$Co(NO_3)_2 \cdot 6H_2O$(99%) 和 $Ca(NO_3)_2 \cdot 4H_2O$(99%) 等化学试剂。首先，将称量后的 La_2O_3 置于烧杯中，加入适量去离子水，然后在磁力加热搅拌器上边加热搅拌边滴加硝酸溶液，至其全部溶解分别形成 $La(NO_3)_3$ 的水溶液。然后将称量后的 $Ba(NO_3)_2$、$Sr(NO_3)_2$、$Co(NO_3)_2 \cdot 6H_2O$ 和 $Ca(NO_3)_2 \cdot 4H_2O$ 转移至不同烧杯中，加入适量的去离子水，磁力加热搅拌至全部溶解形成相应的水溶液。将上述各溶液混合于一个烧杯中，加热搅拌 10min 后，按金属离子与柠檬酸摩尔比为 1∶1.5的量加入柠檬酸，充分加热搅拌 10min 后，加入适量的聚乙二醇（PEG），充分加热搅拌 15min 后，将形成透明溶胶转移至陶瓷蒸发皿中。将上述溶胶在 70℃下水浴 20h 得到多孔泡沫状的干凝胶。将所得干凝胶在电炉上煅烧约 15min，除去大部分有机物，得到淡黄色粉末前驱体。将粉末转移至刚玉瓷舟中，置于管式炉中 600℃下煅烧 3h，以彻底除去样品中的剩余有机物。冷却至室温后，取出粉末样品于玛瑙研钵中充分研磨后，将粉末样品压片进行高温烧结，得到所需的纯相 LBSC 和 LBSCC 样品。

6.2.2 LBSC 和 LBSCC 致密样品的制备

首先，取适量的 LBSC 和 LBSCC 粉末样品分别置于玛瑙研钵中，各加入 2~3

滴聚乙烯醇溶液作为黏合剂，充分研磨 15min 后将粉末样品在 30MPa 的压力下分别压成直径为 10mm、厚约 1mm 的薄片状和长宽高分别为 5mm×5mm×25mm 的长条状，要求样品无裂纹。将压制好的样品放入冷等静压机内，以水作为传压介质，在 270MPa 的压强下，保持约 15min，减压后取出样品，置于马弗炉中于 1000℃下烧结 15h，冷却至室温后，将样品取出，用排水法测得致密样品的致密度均在 90%以上，圆片状和长条状致密样品分别用于直流电导率和线膨胀系数的测试。

6.2.3　$Ce_{0.8}Sm_{0.2}O_{2-\delta}$（SDC）电解质的制备

采用溶胶-凝胶法制备电解质材料 SDC。首先，按目标产物化学式的化学计量比精确称量 $Ce(NO_3)_3 \cdot 6H_2O$（AR）和 Sm_2O_3（不小于 99.99%）两种试剂。将称量后的 $Ce(NO_3)_3 \cdot 6H_2O$ 溶于适量的去离子水中，形成 $Ce(NO_3)_3$ 的溶液。其次，将称量后的 Sm_2O_3 置于烧杯中，加入适量去离子水，然后在磁力加热搅拌器下边加热搅拌边滴加硝酸溶液，至其全部溶解形成 $Sm(NO_3)_3$ 的溶液，然后将上述两种溶液混合，加热搅拌 10min 后，按金属离子与柠檬酸摩尔比为 1∶1.5 的量加入柠檬酸，充分加热搅拌 10min 后，加入适量的聚乙二醇（PEG），充分加热搅拌 15min 后，将形成的透明溶胶转移至陶瓷蒸发皿中。将上述溶胶在 70℃下水浴 20h 得到多孔泡沫状的干凝胶。将所得干凝胶在电炉上煅烧约 15min，除去大部分有机物，得到淡黄色粉末前驱体。将粉末转移至刚玉瓷舟中，置于管式炉中 600℃下煅烧 16h，以彻底除去样品中的剩余有机物。冷却至室温后，取出粉末样品于玛瑙研钵中充分研磨 30min 后，加入 2~3 滴聚乙烯醇溶液作为黏合剂，仔细研磨 15min，然后将粉末样品在 30MPa 的压力下压成直径为 15mm、厚约 1mm 的薄片状。将压制好的样品放入冷等静压机内，以水作为传压介质，在 270MPa 的压强下，保持约 15min，减压后取出样品，置于马弗炉中于 1400℃下烧结 10h，冷却至室温后，将样品取出，用排水法测得其致密度达 90%以上，得到的 SDC 致密片用于半电池的制备。

6.2.4　对称电池的制备

交流阻抗的测试采用的是阴极｜电解质｜阴极构型的对称半电池。取适量的 LBSC 和 LBSCC 阴极粉末样品分别置于玛瑙研钵中，各加入适量的黏结剂（质量比为 97∶3 的松油醇与乙基纤维素的混合物），充分研磨，得到分散均匀的阴极浆料。然后采用丝网印刷技术将制得的阴极浆料对称地印刷在已烧结致密的 SDC 电解质片的两侧，印刷上去的阴极为 0.5cm×0.5cm 的正方形，面积为 0.25cm^2，然后将制备好的对称电池放入烘箱中于 80℃下烘干 15min 后转移至箱式炉中在 1000℃烧结 2h，冷却至室温后取出再在阴极层上对称地粘上银丝，用于电化学交流阻抗的测试。

6.3 X 射线衍射分析

图 6-2 为 LBSC 和 LBSCC 的室温 XRD 图谱。

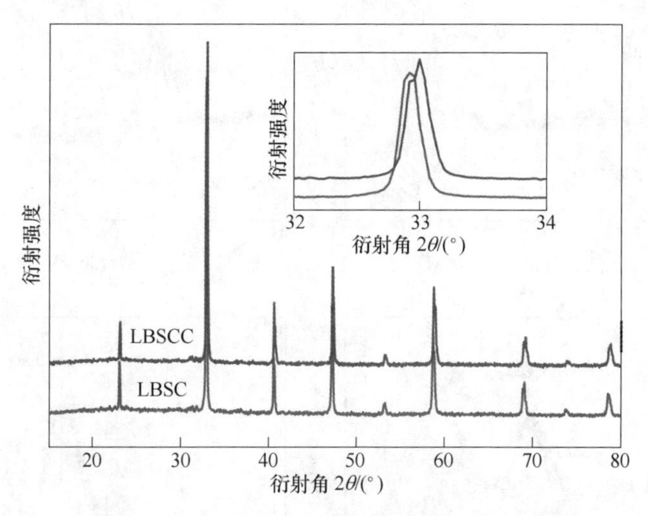

图 6-2 LBSC 和 LBSCC 在室温下的粉末 XRD 图谱

LBSC 和 LBSCC 均为单相的钙钛矿型化合物，没有杂相产生，且均可被指标化为四方晶系的 P4/mmm 空间群。由 33°附近的放大图可以看出，掺杂 Ca^{2+}后，衍射峰向高角度偏移，这说明晶胞体积在减小，这是由于 Ca^{2+} 的离子半径（0.134×10^{-10}m）小于 Sr^{2+}的离子半径（0.144×10^{-10}m），因此，Ca^{2+}取代部分 Sr^{2+}后晶胞体积会变小。从 XRD 图谱中计算出的 LBSC 和 LBSCC 的晶胞参数见表 6-1，从表中可以看出，LBSCC 的晶胞参数比 LBSC 略小，与上面的讨论相符。

表 6-1 LBSC 和 LBSCC 的晶胞参数

样品	a/m	b/m	c/m	V/m^3
LBSC	3.9032×10^{-10}	3.9032×10^{-10}	7.6755×10^{-10}	116.94×10^{-30}
LBSCC	3.8986×10^{-10}	3.8986×10^{-10}	7.6556×10^{-10}	116.36×10^{-30}

6.4 X 射线光电子能谱分析

图 6-3 为 LBSC 和 LBSCC 中 Co 2p 能级和 O 1s 能级的 XPS 分峰拟合图。

Co 的 $2p_{1/2}$和 $2p_{3/2}$的结合能分别位于 796eV 和 780eV 附近，拟合结果表明，Co 在这两种化合物中存在 3 种价态，分别为 Co^{2+}、Co^{3+}和 Co^{4+}，不同价态的 Co 所占的比例见表 4.2。从不同价态所占的比例可以看出，Co 主要以 Co^{3+}形态存

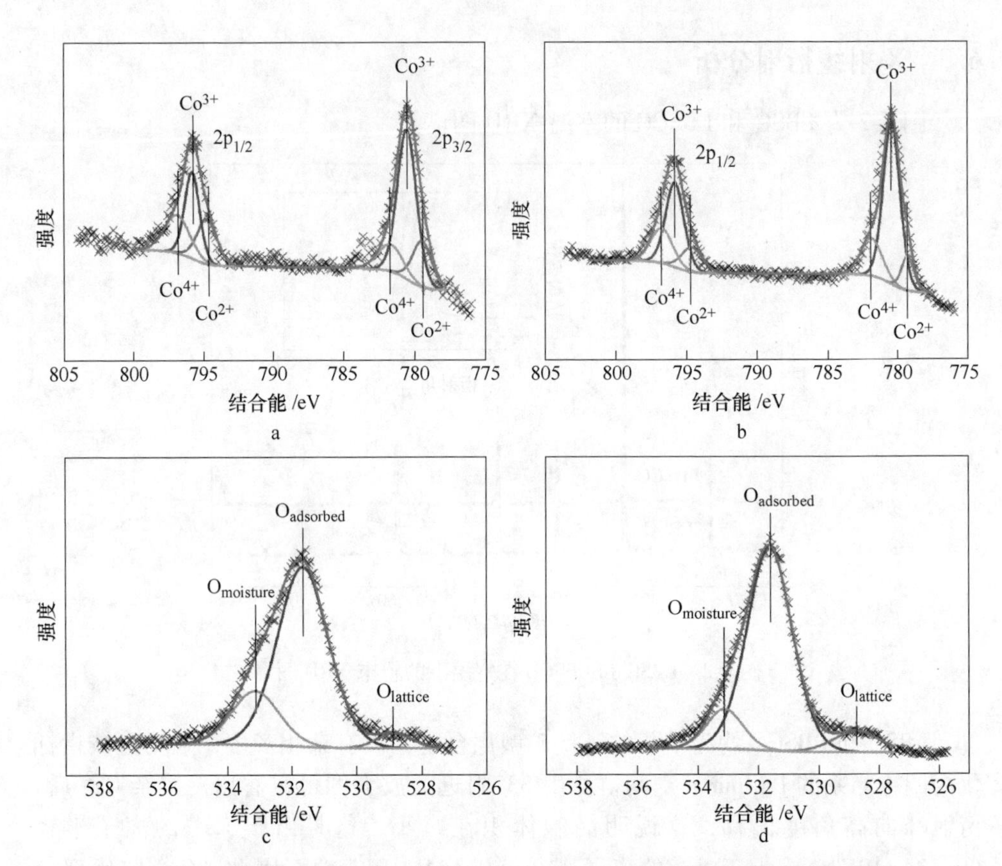

图 6-3　LBSC 和 LBSCC 阴极材料中 Co 2p 和 O 1s 能级的 XPS 分峰拟合图谱

a—LBSC，Co 2p；b—LBSCC，Co 2p；c—LBSC，O 1s；d—LBSCC，O 1s

在，部分 Co^{2+}和 Co^{4+}是由热诱导的歧化反应而产生的（$2Co^{3+} \rightleftharpoons Co^{2+} + Co^{4+}$），另外，Co 的不同价态还与材料中的氧空位的数量有关。O 1s 能级的分峰拟合结果中，结合能位于 528.8eV、531.6eV 和 533.1eV 处的特征峰分别对应于材料表面的晶格氧（$O_{lattice}$）、吸附氧（$O_{adsorbed}$）和吸附的 H_2O 中的氧（$O_{moisture}$）。从表 6-2 可以看出，LBSC 和 LBSCC 中吸附氧（O^-、O^{2-} 和 O_2^- 等）的比例分别高达 74.97%和 79.04%，与文献中报道的这类 A 位有序的钙钛矿化合物具有高的吸附氧含量和高的氧表面交换系数及氧的传输性能相符合。

表 6-2　LBSC 和 LBSCC 中不同价态的 Co 及不同类型的 O 所占的比例

样品	Co^{2+}/%	Co^{3+}/%	Co^{4+}/%	$O_{lattice}$/%	$O_{adsorbed}$/%	$O_{moisture}$/%
LBSC	22.73	55.82	21.45	6.22	74.97	18.81
LBSCC	13.77	63.19	23.04	10.61	79.04	10.35

6.5　热重分析

图 6-4 为 LBSC 和 LBSCC 在空气气氛下，室温至 800℃范围内的质量随温度的变化曲线。从图中可以看出，随着温度升高，两者的质量均逐渐减小。从室温至 100℃时，两者质量的降低主要是由于样品中吸附的水分蒸发所造成的。当温度超过 350℃后，样品的质量再次出现明显的下降，这是由高温下样品晶格中的氧流失所导致的。另外值得注意的是，在整个温度区间内，LBSC 质量降低的程度要比 LBSCC 要大。这主要是因为 Ca^{2+}取代部分 Sr^{2+}后，晶胞的体积减小，金属离子和氧离子之间的键能增强，氧离子不易流失。因此，Ca^{2+}的掺杂有利于材料的热稳定性，减少了晶格氧的流失，从而减少 Co^{4+}向 Co^{3+}还原，降低了材料的线膨胀系数，与后面所讨论的两者线膨胀系数的变化相符。

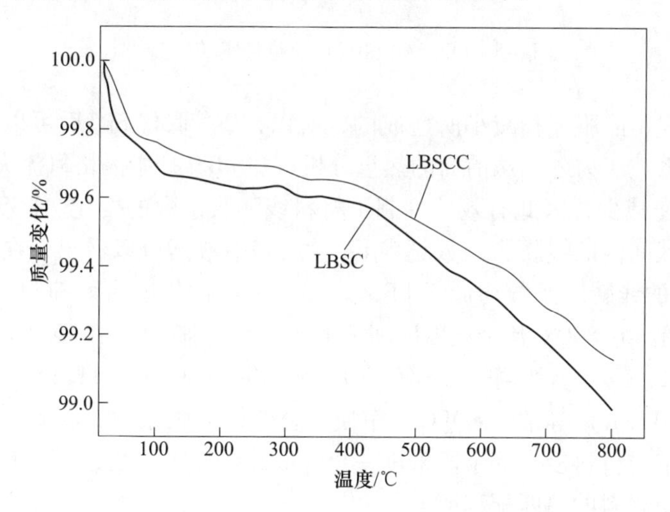

图 6-4　LBSC 和 LBSCC 在室温至 800℃范围内的热重变化曲线

6.6　线膨胀系数分析

LBSC 和 LBSCC 材料热膨胀的性质主要受晶体中金属和氧离子之间的静电引力造成的非简谐振动、Co 的自旋态变化、高温下晶格中氧的流失造成氧空位及点缺陷浓度的变化等影响。在不同的温度区间内，各影响因素的热响应不同，因此，我们测得的宏观线膨胀系数是以上各种因素相互叠加共同造成的结果。图 6-5 为LBSC 和 LBSCC 材料在室温至 850℃的线膨胀系数随温度的变化图。

从图 6-5 中可以看出，在 600℃附近，LBSC 的热膨胀存在一个明显的转折，斜率增大，这主要是由晶格中氧的流失和氧空位浓度的增加以及材料中 Co^{4+}还原为 Co^{3+}所造成的。而 Ca^{2+}掺杂的 LBSCC 的线膨胀系数比 LBSC 要小，并且未出现像 LBSCC 那么明显的线膨胀系数的突变，这是由于 Ca^{2+} 掺杂后，Sr—O 键被

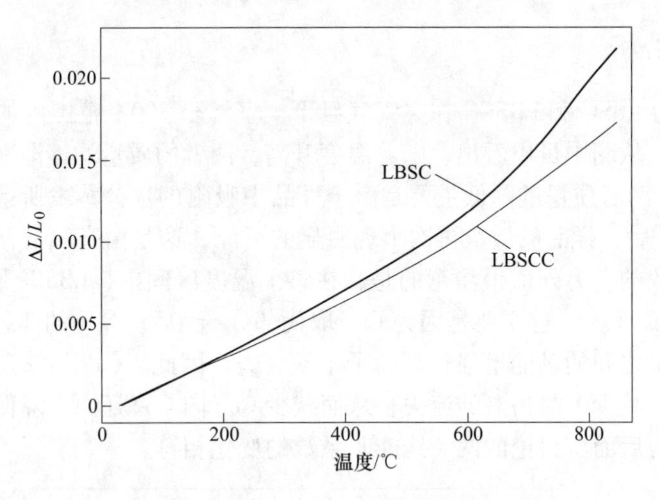

图 6-5 LBSC 和 LBSCC 的热膨胀变化曲线

Ca—O 键取代，晶胞体积减小所造成的，所以，Ca^{2+} 取代 Sr^{2+} 后可以显著降低材料的线膨胀系数。另外，从前面的热重分析可知 LBSCC 中晶格氧流失减少，Co^{4+} 向 Co^{3+} 的转变减少，因此有效地抑制了材料线膨胀系数的变化。LBSC 和 LBSCC 在不同温度区间内的线膨胀系数见表 6-3，从表中数据可以看出，在每个温度区间内 LBSCC 的线膨胀系数均低于 LBSC。虽然 Ca^{2+} 的掺杂有效抑制了 LBSC 的线膨胀系数，在 30~850℃ 整个温度区间内的平均线膨胀系数由 26.2×10^{-6}/K 降至 20.0×10^{-6}/K，但是仍然高于 YSZ(10.8×10^{-6}/K)，LSGM(11.1×10^{-6}/K) 以及 SDC(12.0×10^{-6}/K) 等常用 SOFC 电解质材料的线膨胀系数，因此需要继续通过掺杂或与电解质材料复合等手段来进一步降低其线膨胀系数，增加其与常用 SDC 等固体电解质材料的热匹配程度。

表 6-3 LBSC 和 LBSCC 在不同温度区间内的线膨胀系数

样 品	TEC/K^{-1}		
	30~350℃	350~850℃	30~850℃
LBSC	18.5×10^{-6}	31.6×10^{-6}	26.2×10^{-6}
LBSCC	16.7×10^{-6}	24.0×10^{-6}	20.0×10^{-6}

6.7 化学兼容性分析

为了探究 LBSC 和 LBSCC 阴极材料与 SDC 电解质的之间的化学兼容性，将 LBSC 和 LBSCC 阴极材料的粉末样品和 SDC 电解质粉末样品按 1∶1 的质量比均匀混合后在 1000℃ 下烧结 4h，冷却至室温后将混合粉末样品取出，进行 XRD 测试，检测两者之间是否有化学反应而产生的杂相。图 6-6 为在 1000℃ 下烧结后的

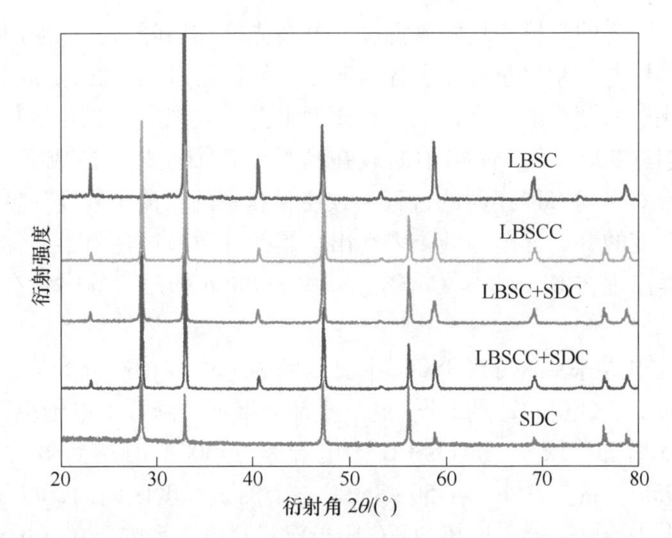

图 6-6 LBSC 和 LBSCC 与 SDC 电解质的混合物在 1000℃烧结后的 XRD 图谱

LBSC 和 LBSCC 阴极材料与 SDC 电解质混合物的 XRD 图谱。从图中可以看出，高温烧结后的 XRD 图谱中只包含有 LBSC 和 LBSCC 阴极材料以及 SDC 电解质的衍射峰，没有新的衍射峰出现，说明 LBSC 和 LBSCC 阴极材料与 SDC 电解质之间没有发生化学反应，两者具有非常良好的化学兼容性。

6.8 电导率分析

图 6-7 为 LBSC 和 LBSCC 在 50~800℃之间的电导率随温度的变化图。从图

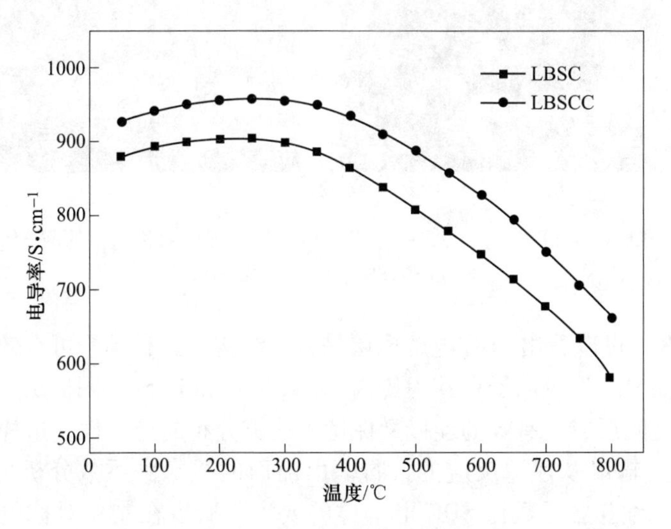

图 6-7 LBSC 和 LBSCC 电导率随温度的变化

中可以看出，两者的电导率均随着温度的升高先增加后降低。低温时的导电性质源于小极化子导电机制，小极化子导电属于热激活的过程，在低温时，随着温度的升高小极化子浓度逐渐升高，电导率逐渐上升，表现出 P 型半导体的性质。

当温度超过 300℃后，晶格中的氧在高温下逐渐流失，造成氧空位的产生，同时，伴随着 Co^{4+} 向 Co^{3+} 还原的过程，致使材料中的载流子浓度降低，从而导致电导率随着温度的升高逐渐降低，表现出金属的性质。这种由半导体性向金属性的转变也同样出现在 $GdBa_{1-x}Sr_xCo_2O_{5+\delta}$[12] 和 $EuBaCo_2O_{5+\delta}$[19] 等层状有序钙钛矿化合物中。

LBSCC 的电导率要高于 LBSC，主要是因为 Ca^{2+} 取代部分 Sr^{2+} 后，使晶胞体积减小，O 的 2p 轨道和 Co 的 3d 轨道重叠部分增加，降低了电子空穴的离域能，从而使电导率增加。LBSC 和 LBSCC 的电导率在 300℃时达到最大值，分别为 900S/cm 和 955S/cm。另外，在 50~850℃整个测试温度区间内，LBSC 和 LBSCC 的电导率均大于 500S/cm，远超 SOFC 阴极对材料电导率的要求（σ >100S/cm）。

6.9　扫描电子显微镜分析

图 6-8 为由 LBSC 和 LBSCC 阴极材料分别与 SDC 电解质制作成的对称电池的截面扫描电子显微镜（SEM）照片。

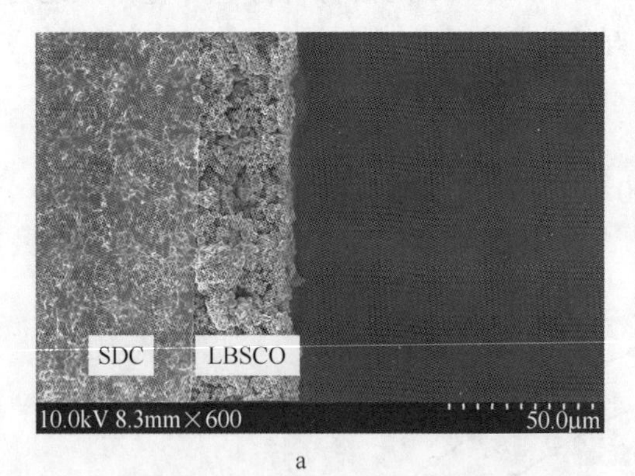

a

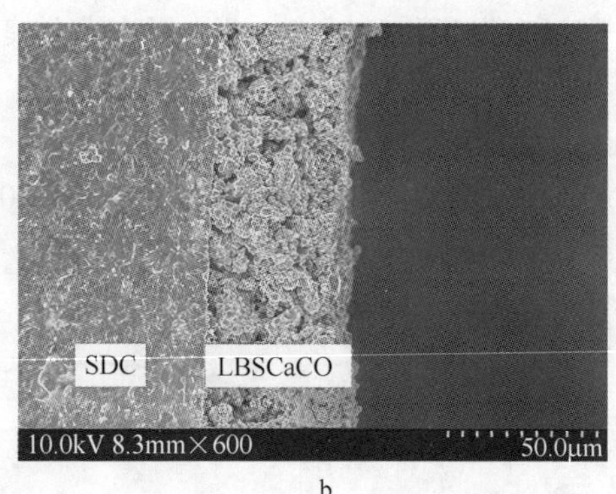

b

图 6-8　LBSC 和 LBSCC 阴极材料与 SDC 电解质组成的对称电池的截面 SEM 图

a—LBSC+SDC；b—LBSCC+SDC

从图 6-8 中可以看出 SDC 电解质层是致密结构，这种结构可有效防止燃料气体的扩散，而只允许氧离子在其中传输。而 LBSC 和 LBSCC 阴极层呈现疏松多孔状态，晶粒之间形成了有效的连接又保持了孔隙分布的均匀性，这样的结构有利于氧的扩散传输以及还原反应的进行。由前面的线膨胀系数分析可知 LBSC 和 LBSCC 两者的线膨胀系数比 SDC 电解质的要大，所以在制作对称电池以及进行交流阻抗测试时将升温速率控制在 1℃/min，避免由于温度变化过快造成电极层和电解质层热膨胀突变，使两者之间出现开裂。另外，从 SEM 照片中可以看出 LBSC 和 LBSCC 阴极层与 SDC 电解质层接触的很紧密，没有出现明显的裂痕。

6.10 电化学交流阻抗分析

按照阴极|电解质|阴极的构型，将 LBSC 和 LBSCC 阴极材料以及 SDC 电解质制作成对称电池，1000℃下烧结 2h 后进行交流阻抗测试。图 6-9 为 650~800℃温度区间内，空气气氛下 LBSC 和 LBSCC 的交流阻抗谱。

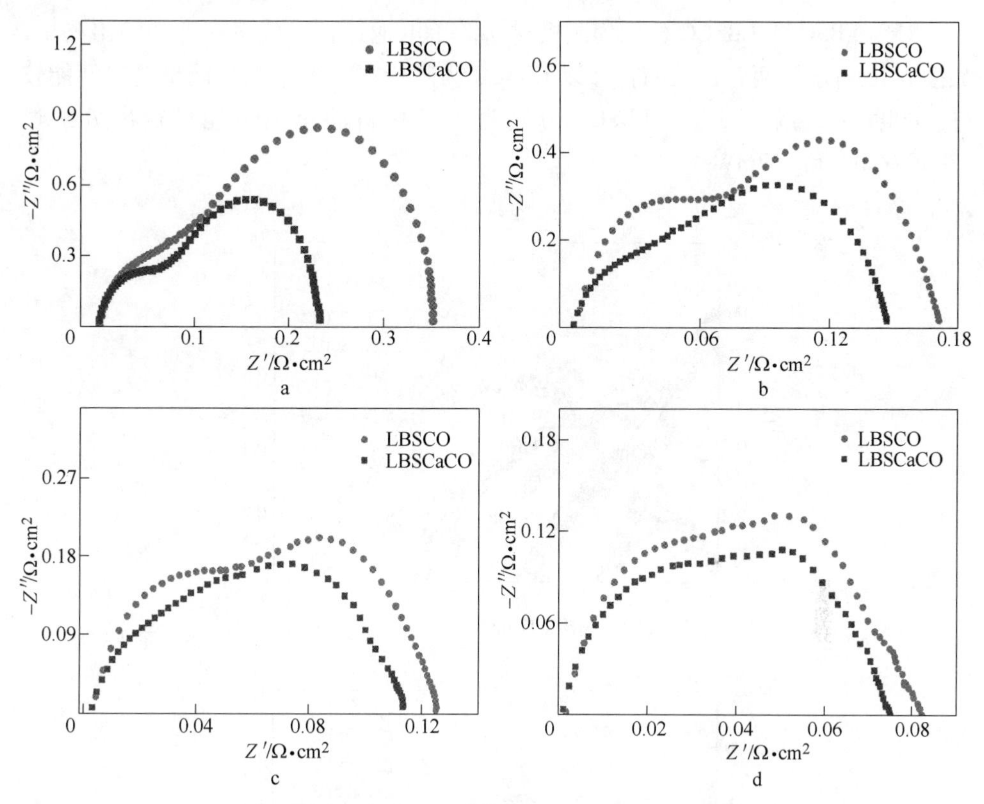

图 6-9 LBSC 和 LBSCC 阴极材料在 650~800℃之间的交流阻抗谱

a—650℃；b—700℃；c—750℃；d—800℃

交流阻抗谱中的高频和低频间的截距大小即为阴极材料的界面极化电阻 R_p。从交流阻抗谱中可以看出，LBSC 和 LBSCC 的界面极化阻抗值均随着温度的升高而显著降低，这是由于随着温度的升高阴极材料对氧的还原反应的催化性能迅速增强，所以界面极化电阻随着温度的升高大幅降低。另外，LBSCC 的界面极化电阻略低于 LBSC，这说明 Ca^{2+}取代部分 Sr^{2+}后，增加了材料对氧还原的催化能力，这与 LBSCC 这类层状有序钙钛矿样品拥有较高的电导率和氧的表面交换系数有关。另外，LBSCC 的线膨胀系数比 LBSC 要低，因此，LBSCC 阴极层与 SDC 电解质层接触更良好，有利于氧离子的传输，也可以降低界面极化电阻。LBSCC 在 700℃ 时的界面极化电阻为 0.149Ω · cm²，小于报道的一些非 Co 基阴极材料在同一温度下的界面极化电阻，例如 $LaBaCuFeO_{5+\delta}$(0.21Ω · cm²)[20]，$Ba_{0.5}Sr_{0.5}Zn_{0.2}Fe_{0.8}O_{3-\delta}$(0.23Ω · cm²)[21] 及 $SrFe_{0.9}Nb_{0.1}O_{3-\delta}$(0.29Ω · cm²)[22] 等。

6.11 电池输出性能分析

对以 LBSC 和 LBSCC 分别为阴极材料的单电池进行了能量密度的输出测试，如图 6-10 所示。两者比较而言，以 LBSCC 为阴极材料的单电池能量输出性能较好。800℃时，以 LBSC 和 LBSCC 分别为阴极材料的单电池能量输出分别达 580mW/cm² 和 662mW/cm²。

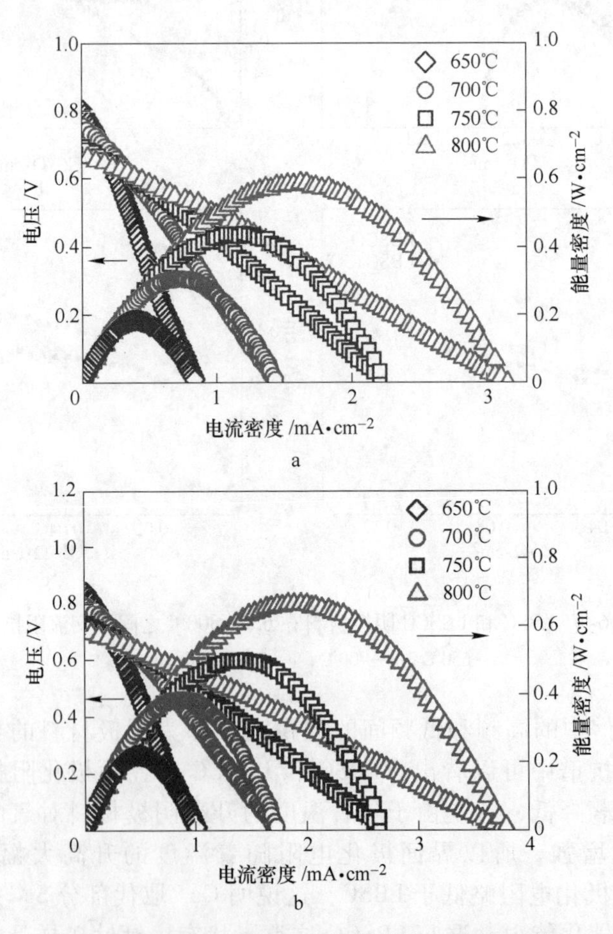

图 6-10 以 LBSC（a）和 LBSCC（b）为阴极材料的单电池在 650~800℃之间 *I-V* 和 *I-P* 曲线

6.12 总结

本章主要介绍了 Ca 的掺杂对 $LaBa_{0.5}Sr_{0.5-x}Ca_xCo_2O_{5+\delta}$（$x=0$，0.25）阴极材料的热膨胀、电学及电化学性能的影响。Ca^{2+}取代部分 Sr^{2+}后：

（1）能够有效降低材料的线膨胀系数，30~850℃温度区间内的平均线膨胀系数由 26.2×10^{-6}/K 降至 20.0×10^{-6}/K，但是与 SDC 等常用的电解质材料的线膨胀系数仍然存在一定差距。

（2）能够增加材料的电导率，在 300℃时达到最大值，分别高达 900S/cm 和 955S/cm。另外，在 50~850℃整个中低温区间内，LBSC 和 LBSCC 的电导率均大于 500S/cm，远超 SOFC 阴极对材料电导率要达到 100S/cm 的要求。

（3）能够降低材料的界面极化电阻，提升电池的能量输出性能。800℃时，以 LBSCC 为阴极材料的单电池能量输出 662mW/cm。

参 考 文 献

[1] Wachsman E D, Lee K T. Lowering the temperature of solid oxide fuel cells [J]. Science, 2011, 334: 935-939.

[2] Zhan Z, Barnett S A. An octane-fueled solid oxide fuel cell [J]. Science, 2005, 308: 844-847.

[3] Yoo S, Lim T H, Shin J, et al. Comparative characterization of thermodynamic, electrical, and electrochemical properties of $Sm_{0.5}Sr_{0.5}Co_{1-x}Nb_xO_{3-\delta}$ ($x=0$, 0.05 and 0.1) as cathode materials in intermediate temperature solid oxide fuel cells [J]. Journal of Power Sources, 2013, 226: 1-7.

[4] Jacobson A J. Materials for solid oxide fuel cells [J]. Chemistry of Materials, 2009, 22: 660-674.

[5] Kim G, Wang S, Jacobson A, et al. Oxygen exchange kinetics of epitaxial $PrBaCo_2O_{5+\delta}$ thin films [J]. Applied Physics Letters, 2006, 88: 024103.

[6] Chen D, Ran R, Zhang K, et al. Intermediate-temperature electrochemical performance of a polycrystalline $PrBaCo_2O_{5+\delta}$ cathode on samarium-doped ceria electrolyte [J]. Journal of Power Sources, 2009, 188: 96-105.

[7] Tarancón A, Morata A, Dezanneau G, et al. $GdBaCo_2O_{5+x}$ layered perovskite as an intermediate temperature solid oxide fuel cell cathode [J]. Journal of Power Sources, 2007, 174: 255-263.

[8] Aksenova T, Gavrilova L Y, Yaremchenko A, et al. Oxygen nonstoichiometry, thermal expansion and high-temperature electrical properties of layered $NdBaCo_2O_{5+\delta}$ and $SmBaCo_2O_{5+\delta}$ [J]. Materials Research Bulletin, 2010, 45: 1288-1292.

[9] Hiromasa Shiiba, Clare Bishop L, Rushton Michael J D, et al. Effect of A-site cation disorder

on oxygen diffusion in perovskite-type $Ba_{0.5}Sr_{0.5}Co_{1-x}Fe_xO_{2.5}$ [J]. Journal of Materials Chemistry A, 2013, 1: 10345-10352.

[10] Yoo S, Choi S, Kim J, et al. Investigation of layered perovskite type $NdBa_{1-x}Sr_xCo_2O_{5+\delta}$($x$= 0, 0.25, 0.5, 0.75 and 1.0) cathodes for intermediate-temperature solid oxide fuel cells [J]. Electrochimica Acta, 2013, 100: 44-50.

[11] Park S, Choi S, Kim J, et al. Strontium doping effect on high-performance $PrBa_{1-x}Sr_xCo_2O_{5+\delta}$ as a cathode material for IT-SOFCs [J]. ECS Electrochemistry Letters, 2012, 1: F29-F32.

[12] Kim J H, Prado F, Manthiram A. Characterization of $GdBa_{1-x}Sr_xCo_2O_{5+\delta}$ ($0 \leqslant x \leqslant 1.0$) double perovskites as cathodes for solid oxide fuel cells [J]. Journal of the Electrochemical Society, 2008, 155: B1023-B1028.

[13] Jun A, Kim J, Shin J, et al. Optimization of Sr content in layered $SmBa_{1-x}Sr_xCo_2O_{5+\delta}$ perovskite cathodes for intermediate-temperature solid oxide fuel cells [J]. International Journal of Hydrogen Energy, 2012, 37: 18381-18388.

[14] Park S, Choi S, Shin J, et al. A collaborative study of sintering and composite effects for a $PrBa_{0.5}Sr_{0.5}Co_{1.5}Fe_{0.5}O_{5+\delta}$ IT-SOFC cathode [J]. RSC Advances, 2014, 4: 1775-1781.

[15] Kim Y, Manthiram A. Layered $LnBaCo_{2-x}Cu_xO_{5+\delta}$($0 \leqslant x \leqslant 1.0$) perovskite cathodes for intermediate-temperature solid oxide fuel cells [J]. Journal of the Electrochemical Society, 2011, 158: B276-B282.

[16] Jun A, Lim T H, Shin J, et al. Electrochemical properties of B-site Ni doped layered perovskite cathodes for IT-SOFCs [J]. International Journal of Hydrogen Energy, 2014, 39: 20791-20798.

[17] Kim J, S Choi, S Park, et al. Effect of Mn on the electrochemical properties of a layered perovskite $NdBa_{0.5}Sr_{0.5}Co_{2-x}Mn_xO_{5+\delta}$ (x = 0, 0.25 and 0.5) for intermediate-temperature solid oxide fuel cells [J]. Electrochimica Acta, 2013, 112: 712-718.

[18] Yoo S, Jun A, Ju Y W, et al. Development of double perovskite compounds as cathode materials for low temperature solid oxide fuel cells [J]. Angewandte Chemie International Edition, 2014, 53: 13064-13067.

[19] Shi Z, Xia T, Meng F, et al. A layered perovskite $EuBaCo_2O_{5+\delta}$ for intermediate temperature solid oxide fuel cell cathode [J]. Fuel Cells, 2014, 14: 979-990.

[20] Zhou Q, He T, He Q, et al. Electrochemical performances of $LaBaCuFeO_{5+x}$ and $LaBaCuCoO_{5+x}$ as potential cathode materials for intermediate-temperature solid oxide fuel cells [J]. Electrochemistry Communications, 2009, 11: 80-83.

[21] Wei B, Lü Z, Huang X, et al. Synthesis, electrical and electrochemical properties of $Ba_{0.5}Sr_{0.5}Zn_{0.2}Fe_{0.8}O_{3-\delta}$ perovskite oxide for IT-SOFC cathode [J]. Journal of Power Sources, 2008, 176: 1-8.

[22] Zhou Q, Zhang L, He T. Cobalt-free cathode material $SrFe_{0.9}Nb_{0.1}O_{3-\delta}$ for intermediate-temperature solid oxide fuel cells [J]. Electrochemistry Communications, 2010, 12: 285-287.

7 $La_{2-x}Bi_xCu_{0.5}Mn_{1.5}O_6$($x$=0，0.1和0.2)阴极材料的制备与性能研究

7.1 引言

随着人类社会对清洁可再生能源需求的日益增加，固体氧化物燃料电池（SOFC）由于其能量转换效率高、燃料的适应性广和环境友好等特点而备受人们的关注[1~3]。固体氧化物燃料电池目前商业化所面临的一个主要问题是电池的工作温度太高，高的工作温度对电池的组成材料有很高的要求和限制，因此，当前的研究重点是要降低固体氧化物燃料电池的工作温度至中温区，这样既可以节约电池的制作成本，还能增加电池的使用寿命[3,4]。然而降低固体氧化物燃料电池的工作温度所面临的一个重要问题是电池阴极的界面极化阻抗随着温度的降低而迅速增加。这是由于在阴极上氧的电化学还原比较困难，温度较低时需要较高的活化能，所以降低SOFC的工作温度会使阴极材料的界面极化电阻增大，从而降低电池的效率。因此，当务之急是开发在中温区具有较高氧的还原反应电催化活性的固体氧化物燃料电池阴极材料。

到目前为止，绝大多数的中温固体氧化物燃料电池阴极材料的研究集中在离子和电子的混合导体（MIEC），尤其是钴系钙钛矿氧化物，例如$Ba_{0.5}Sr_{0.5}Co_{0.8}Fe_{0.2}O_3$(BSCF)[5,6]，$La_{0.6}Sr_{0.4}Co_{0.2}Fe_{0.8}O_3$(LSCF)[7,8]，$Sm_{0.5}Sr_{0.5}CoO_3$(SSC)[9,10]和$LaBaCo_2O_{5+\delta}$[11,12]，这些离子和电子的混合导体能够同时传输电子和氧离子，并且将传统的三相界面（TPB）处的活性位点延伸至整个多孔的阴极材料表面，使得三相界面的长度比传统的$La_xSr_{1-x}MnO_3$(LSM)阴极材料要高几个数量级。这些钴系的MIEC阴极材料与传统的LSM阴极材料相比较对氧的还原反应有着更高的电化学催化活性。然而，这些钴系的MIEC阴极材料也存在一些缺点，例如，钴的氧化态和自旋态变化使其离子半径变化较大导致其具有较高的线膨胀系数，与固体电解质材料的兼容性稍差一些[13]。因此，积极研发在中温区具有较高稳定性和较高电化学催化活性的非钴系固体氧化物燃料电池阴极材料是当前研究热点之一。

众所周知，固体氧化物燃料电池大部分的性能衰减与阴极氧还原过程的电催化活性有着直接的关系[14]。对于ABO_3或$A_2B_2O_6$钙钛矿型MIEC阴极材料来说，电催化活性主要由其B位的离子决定。在众多的钙钛矿型材料中，La-Mn-O系列由于其较好的催化活性而被广泛研究[15]。例如，La_2ZnMnO_6作为固体氧化物燃

料电池的电极材料被 Martínez-Coronado 等[16] 报道。最近研究报道的钙钛矿型氧化物 $LaCu_{0.25}Mn_{0.75}O_{3-\delta}$是一种良好的固体氧化物燃料电池阴极材料，具有很好的电化学性能[17]。

另外，Bi 元素的掺杂能够大幅度提升钙钛矿型固体氧化物燃料电池阴极材料的电导率和电化学性能[18]。近期，Li 等[19] 研究了一系列 Bi 掺杂的阴极材料 $La_{0.8-x}Bi_xSr_{0.2}FeO_{3-\delta}$($x$=0.0～0.8)，用 Bi^{3+}取代 $La_{0.8}Sr_{0.2}FeO_{3-\delta}$中的部分 La^{3+}后提高了阴极材料的电化学性能，在 700℃时将阴极的界面极化电阻从 1.0Ω · cm^2降至 0.10Ω · cm^2。Zou 等[20] 报道的 Bi 掺杂的化合物 $Ca_{3-x}Bi_xCo_4O_{9-\delta}$($x$=0.1～0.5) 与未掺杂的化合物 $Ca_3Co_4O_{9-\delta}$相比较具有更好的催化性能、电导率、热稳定性及化学兼容性。Li 等人[21] 报道了 Bi 掺杂能够显著提高材料 $Na_{0.5}Bi_{0.5+x}TiO_{3-\delta}$的离子电导率。

基于以上研究理论，本研究制备了 Bi 掺杂对非钴基双钙钛矿型氧化物 $La_{2-x}Bi_xCu_{0.5}Mn_{1.5}O_6$(LBCM-$x$, x=0, 0.1 和 0.2)，并对其结构、热学、电学及电化学性能进行了系统研究。

7.2 样品的制备

7.2.1 LBCM-x(x=0, 0.1 和 0.2) 样品的制备

$La_{2-x}Bi_xCu_{0.5}Mn_{1.5}O_6$(LBCM-$x$, x=0, 0.1 和 0.2) 系列样品通过溶胶-凝胶法制备。首先，按标产物化学式的化学计量比精确称量 La_2O_3(99.99%)、CuO(99.9%)、$Bi(NO_3)_3 \cdot 5H_2O$(不小于 99.5%) 和 $Mn(CH_3COO)_2 \cdot 4H_2O$(不小于 99.5%) 4 种化学试剂。首先，将称量后的 La_2O_3 和 CuO 粉末试剂分别置于两个烧杯中，加入适量去离子水，然后在磁力加热搅拌器上边加热搅拌边滴加硝酸溶液，至其全部溶解分别形成 $La(NO_3)_3$ 和 $Cu(NO_3)_2$ 的水溶液，然后将称量后的 $Bi(NO_3)_3 \cdot 5H_2O$ 和 $Mn(CH_3COO)_2 \cdot 4H_2O$ 分别转移至烧杯中，加入适量的去离子水中，磁力加热搅拌至全部溶解形成相应的水溶液。将上述各溶液混合于一个烧杯中，加热搅拌 10min 后，按金属离子与柠檬酸摩尔比为 1∶1.5 的量加入柠檬酸，充分加热搅拌 10min 后，加入适量的聚乙二醇 (PEG)，充分加热搅拌 15min 后，将形成的透明溶胶转移至陶瓷蒸发皿中。将上述溶胶在 70℃下水浴 20h 得到多孔泡沫状的干凝胶，干凝胶在电炉上煅烧约 15min，除去大部分有机物，得到黑色的粉末前驱体。将粉末转移至刚玉瓷舟中，置于管式炉中在 600℃下煅烧 3h，以彻底除去样品中的剩余有机物。冷却至室温后，取出粉末样品于玛瑙研钵中充分研磨后，将粉末样品压片进行高温烧结。$La_2Cu_{0.5}Mn_{1.5}O_6$ (LBCM-0) 样品需 1000℃烧结可形成纯相，而 $La_{1.9}Bi_{0.1}Cu_{0.5}Mn_{1.5}O_6$(LBCM-0.1) 和 $La_{1.8}Bi_{0.2}Cu_{0.5}Mn_{1.5}O_6$(LBCM-0.2) 样品在 900℃烧结后即可形成纯相样品。

7.2.2 LBCM-x(x=0, 0.1和0.2) 致密样品的制备

首先，分别取适量的LBCM-0、LBCM-0.1和LBCM-0.2粉末样品置于3个玛瑙研钵中，分别加入2~3滴聚乙烯醇溶液作为黏合剂，仔细研磨15min，将粉末样品在30MPa的压力下压成直径为10mm、厚约1mm的薄片状和长宽高分别为5mm×5mm×25mm的长条状，要求样品无裂纹。然后利用冷等静压机，以水作为传压介质，对压制好的样品施加270MPa的压强，保持约15min后，再将样品置于马弗炉中于1000℃下烧结12h，冷却至室温后，将样品取出，用排水法测得致密样品的致密度均在90%以上，圆片状和长条状致密样品分别用于直流电导率和线膨胀系数的测试。

7.2.3 $Ce_{0.8}Sm_{0.2}O_{2-\delta}$(SDC) 电解质的制备

采用溶胶-凝胶法制备固体电解质材料SDC。首先，按标的产物化学式的化学计量比精确称量$Ce(NO_3)_3 \cdot 6H_2O$(AR)和Sm_2O_3（不小于99.99%）两种试剂。将称量后的$Ce(NO_3)_3 \cdot 6H_2O$溶于适量的去离子水中，形成$Ce(NO_3)_3$的溶液，其次，将称量后的Sm_2O_3置于烧杯中，加入适量去离子水，然后在磁力加热搅拌器上，边加热搅拌边滴加硝酸溶液，至其全部溶解形成$Sm(NO_3)_3$的溶液，然后将上述两种溶液混合，加热搅拌10min后，按金属离子与柠檬酸摩尔比为1∶1.5的量加入柠檬酸，充分加热搅拌10min后，加入适量的聚乙二醇(PEG)，充分加热搅拌15min后，将形成的透明溶胶转移至陶瓷蒸发皿中。上述溶胶在70℃下水浴20h可得到多孔泡沫状的干凝胶。将所得干凝胶在电炉上煅烧约15min，除去大部分有机物，得到淡黄色粉末前驱体。将粉末转移至刚玉瓷舟中，置于管式炉中在600℃下煅烧16h，以彻底除去样品中剩余有机物。冷却至室温后，取出粉末样品于玛瑙研钵中充分研磨30min后，加入2~3滴聚乙烯醇溶液作为黏合剂，仔细研磨15min，然后将粉末样品在30MPa的压力下压成直径为15mm，厚约1mm的薄片状。然后利用冷等静压机，以水作为传压介质，对压制好的样品施加270MPa的压强，保持约15min后，再将样品转移至马弗炉中于1400℃下烧结10h，冷却至室温后，将样品取出，用排水法测得其致密度达90%以上，得到的SDC致密片用于半电池的制备。

7.2.4 对称电池的制备

分别取适量的LBCM-0、LBCM-0.1和LBCM-0.2阴极粉末样品置于3个玛瑙研钵中，再分别加入适量的黏结剂（质量比为97∶3的松油醇与乙基纤维素的混合物），充分研磨，得到分散均匀的阴极浆料。然后采用丝网印刷技术将制得的阴极浆料对称地印刷在已烧结致密的SDC电解质片的两侧，印刷上去的阴极为

0.5cm×0.5cm 的正方形，面积为 0.25cm^2，然后将制备好的对称电池放入烘箱中在 80℃下烘干 15min，之后转移至箱式炉中在各自烧结成纯相的温度下进行烧结，LBCM-0 在 1000℃下烧结 2h，LBCM-0.1 和 LBCM-0.2 在 900℃下烧结 2h，冷却至室温后取出再在阴极层上对称地粘上银丝，用于电化学交流阻抗的测试。

7.3　X 射线衍射分析

图 7-1 为 LBCM-x(x=0，0.1，0.2 和 0.3) 系列化合物 XRD 图谱。

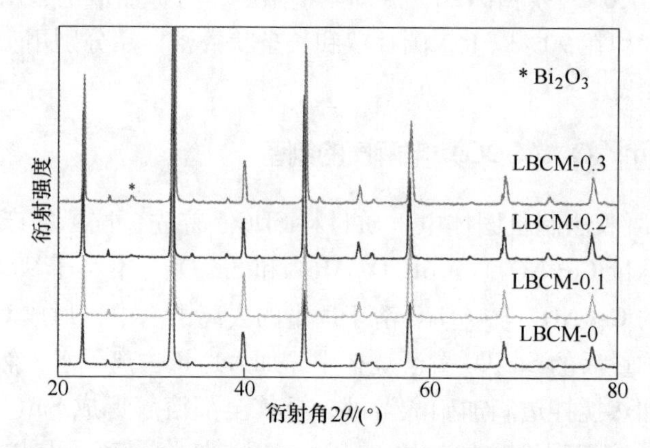

图 7-1　LBCM-x（x=0，0.1，0.2 和 0.3）阴极材料在室温下的粉末 XRD 图谱

当 Bi 的掺杂量达到 0.3 时，样品中开始出现 Bi 的氧化物杂相，在 XRD 图中可以明显地观察到 Bi_2O_3 的衍射峰。对 LBCM-x(x=0，0.1 和 0.2) 系列样品的 XRD 结果进行了 Rietveld 精修，结果如图 7-2 所示。

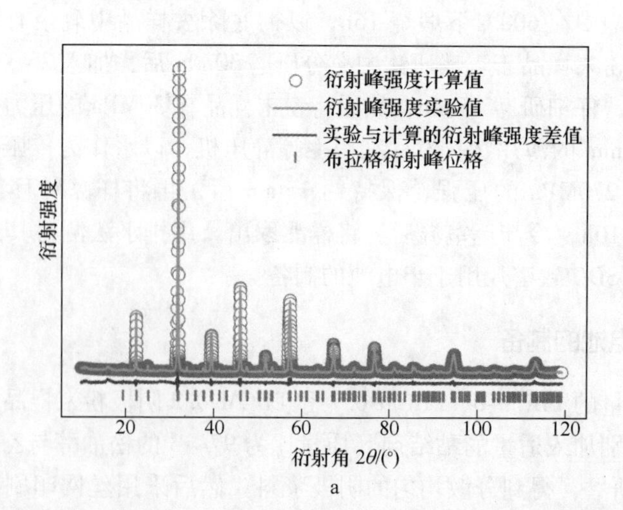

a

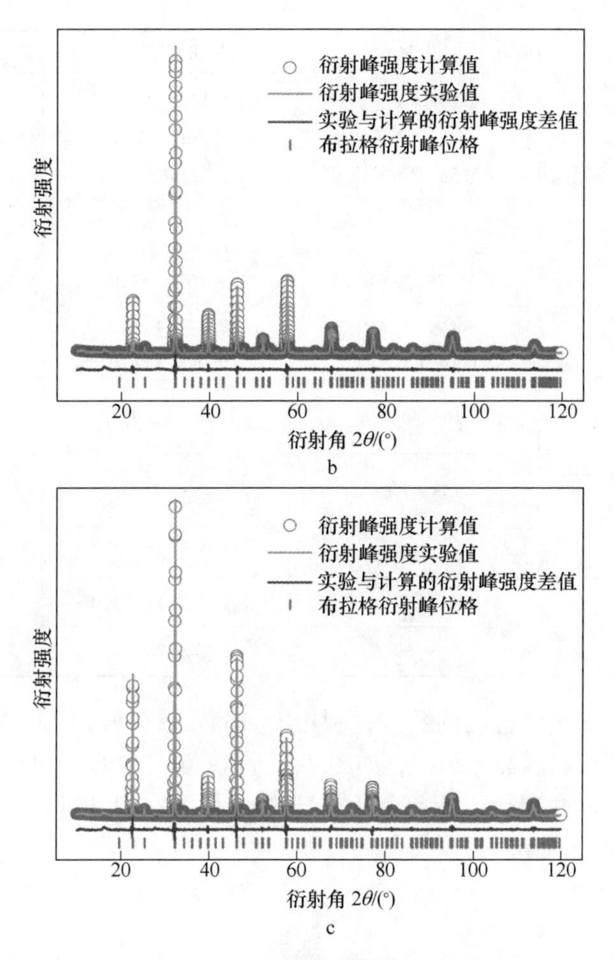

图 7-2　LBCM-x(x=0，0.1 和 0.2) 阴极材料粉末 XRD 的 Rietveld 精修图谱

a—LBCM-0；b—LBCM-0.1；c—LBCM-0.2

LBCM-x(x=0，0.1 和 0.2) 系列阴极材料均为单相的钙钛矿结构，均可被指标化为正交晶系的 Pnma(No. 62) 空间群。精修所得到的键长和键角等晶胞参数以及各种权重因子见表 7-1。从表中的数据可以看出，LBCM-x(x=0，0.1 和 0.2) 的晶胞体积随着 Bi 含量的增加逐渐增大，分别为 237.01(1)×$10^{-30}$$m^3$，237.55(1)×$10^{-30}$$m^3$ 和 237.92(1)×$10^{-30}$$m^3$，这是由半径较大的 Bi^{3+}取代 La^{3+}进入晶格所导致的。

表 7-1　LBCM-x(x=0，0.1 和 0.2) XRD 的 Rietveld 精修结果

参　数	LBCM-0	LBCM-0.1	LBCM-0.2
空间群	Pnma(No. 62)	Pnma(No. 62)	Pnma(No. 62)

续表 7-1

参　数	LBCM-0	LBCM-0.1	LBCM-0.2
晶胞参数/m	a：5.4992(1)×10^{-10} b：7.7881(2)×10^{-10} c：5.5340(3)×10^{-10}	a：5.5083(2)×10^{-10} b：7.7930(1)×10^{-10} c：5.5338(5)×10^{-10}	a：5.5116(1)×10^{-10} b：7.7990(2)×10^{-10} c：5.5348(7)×10^{-10}
晶胞体积/m^3	237.01(1)×10^{-30}	237.55(1)×10^{-30}	237.92(1)×10^{-30}
键长 Mn(Cu)—O1 ×2/m	1.96079(5)×10^{-10}	1.96367(5)×10^{-10}	1.97197(3)×10^{-10}
键长 Mn(Cu)—O2 ×2/m	1.96691(3)×10^{-10} 2.00055(3)×10^{-10}	1.98377(4)×10^{-10} 1.99998(3)×10^{-10}	2.03468(3)×10^{-10} 1.95277(2)×10^{-10}
键角 Mn(Cu)—O1—Mn(Cu)/(°)	166.40(9)	165.62(9)	162.78(5)
键角 Mn(Cu)—O2—Mn(Cu)/(°)	158.97(2)	157.03(4)	156.72(7)
χ^2	2.13	2.33	2.68
R_p/%	6.99	7.17	7.74
R_{wp}/%	9.69	9.78	10.34

根据 Rietveld 精修得到的数据，利用 Diamond 软件画出 LBCM-x(x=0，0.1和0.2) 系列阴极材料晶体结构，如图 7-3 所示，其中，La 和 Bi 位于 wyckoff 符号的 4c 位置，Cu 和 Mn 位于 wyckoff 符号的 4a 位置，O1 和 O2 分别位于 wyckoff 符号的 4c 和 8d 位置。

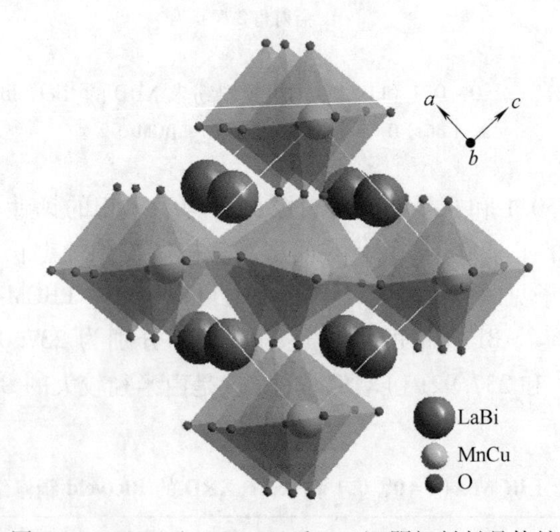

图 7-3　LBCM-x(x=0，0.1和0.2) 阴极材料晶体结构

7.4 X 射线光电子能谱分析

为了确定 LBCM-x($x=0$, 0.1 和 0.2) 系列化合物中各组成元素的化合价，对这一系列化合物进行了 XPS 测试，结果表明 La 和 Bi 在这一系列化合物中均为 +3 价。图 7-4 为 Cu 2p 能级的分峰拟合结果，两个特征峰分别对应于 Cu^{+} 和 Cu^{2+}，其中位于 938.5eV 和 944.5eV 之间的卫星峰是 Cu^{2+} 的典型特征，说明样品中的 Cu 主要以 Cu^{2+} 的形式存在[22]。图 7-5 为 Mn 2p 能级的分峰拟合结果，结果表明在这一系列化合物中 Mn 以 Mn^{3+} 和 Mn^{4+} 的形式存在。

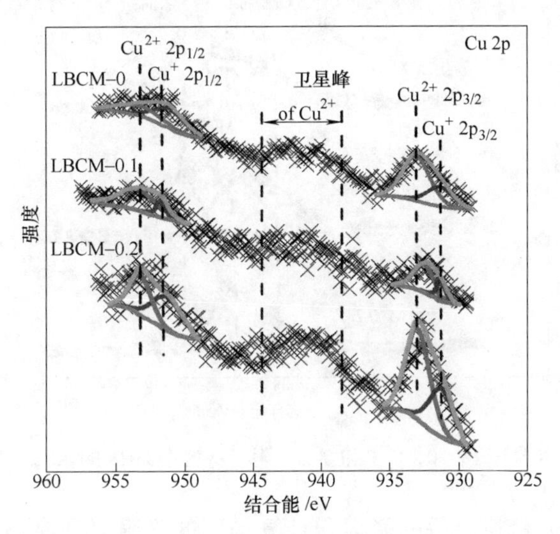

图 7-4 LBCM-x($x=0$, 0.1 和 0.2) 阴极材料中 Cu 2p 的 XPS 分峰拟合图

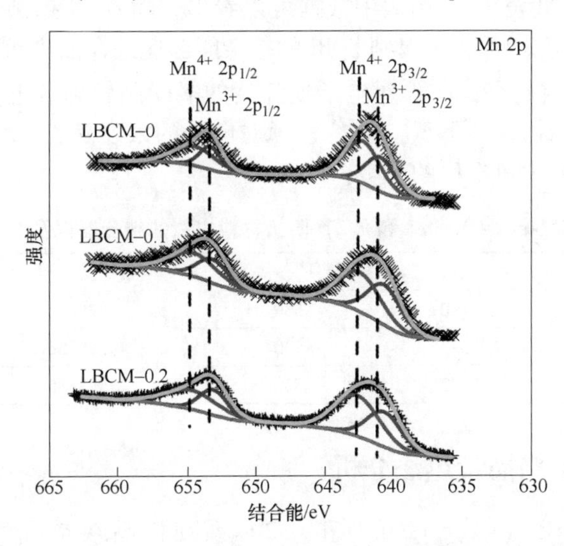

图 7-5 LBCM-x($x=0$, 0.1 和 0.2) 阴极材料中 Mn 2p 的 XPS 分峰拟合图

图 7-6 为 LBCM-x(x=0，0.1 和 0.2）这一系列阴极材料中 O 1s 能级的分峰拟合结果，可以看出其 XPS 图谱可以分为 3 个组成部分。结合能位于 529.0eV、530.5eV 和 532.3eV 处的特征峰分别对应于晶格氧（$O_{lattice}$）、吸附氧（$O_{adsorbed}$）和样品中的水分中的氧[23]。其中，吸附氧与材料中的氧缺陷浓度有关。随着温度的升高，这些吸附氧很容易脱离晶格表面，从而形成氧空位。因此，吸附氧和晶格氧的比例 $O_{adsorbed}/O_{lattice}$ 可以用来作为比较各样品中氧缺陷浓度相对含量多少的一个标准。

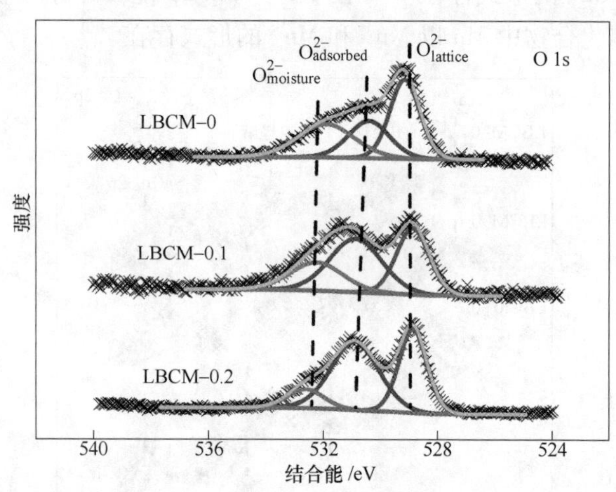

图 7-6 LBCM-x（x=0，0.1 和 0.2）阴极材料中 O 1s 的 XPS 分峰拟合图

从 XPS 图谱分峰拟合后的峰面积计算得到的吸附氧和晶格氧的结合能以及 $O_{adsorbed}/O_{lattice}$ 结果见表 7-2。由表中数据可以看出，随着 Bi 掺杂量的增加样品中 $O_{adsorbed}/O_{lattice}$ 的值在增加，可以判断 Bi 的掺杂能够促进样品中氧空位的生成，这是由于 Bi^{3+} 中高度极化的 $6s^2$ 孤对电子使邻近的氧受到较强的电子排斥作用而比较容易脱离晶体结构，留下氧空位[24]。孤对电子的浓度随着 Bi 掺杂量的增加而增加，加速了材料中氧空位的产生。

表 7-2 LBCM-x(x=0，0.1 和 0.2）阴极材料中氧的结合能以及 $O_{adsorbed}/O_{lattice}$

样 品	$O_{moisture}$/eV	$O_{adsorbed}$/eV	$O_{lattice}$/eV	$O_{adsorbed}/O_{lattice}$
LBCM-0	531.90	530.41	429.15	0.64
LBCM-0.1	532.23	530.86	528.86	1.07
LBCM-0.2	532.62	530.90	528.85	1.27

7.5 热重-差示扫描量热法分析

图 7-7 为 LBCM-x（x = 0，0.1 和 0.2）系列样品在空气气氛下，室温至 1000℃范围内的 TG-DSC 曲线。

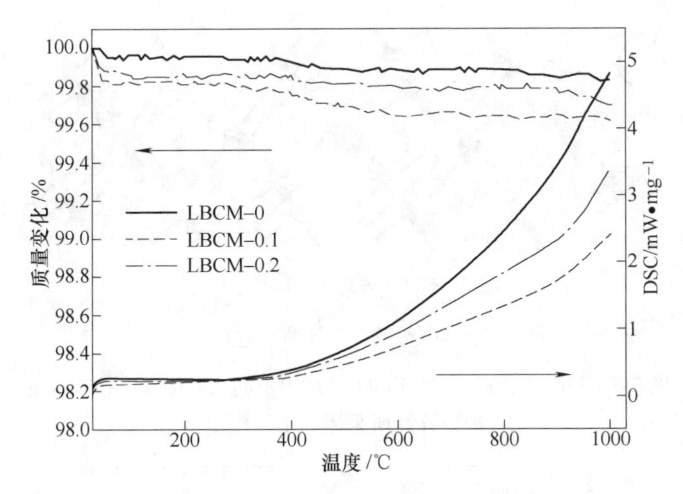

图 7-7 LBCM-x(x=0, 0.1 和 0.2) 阴极材料的 TG-DSC 曲线

从图 7-7 中可以看出，样品的质量首次出现明显的损失是在室温至 100℃左右，这一明显的质量损失是由于样品中吸附的水分蒸发所造成的。当温度升至 400℃以上，样品的质量再次出现明显的下降，这是由于晶格中氧的流失造成的，同时伴随着氧空位的生成和 Cu^{2+} 和 Mn^{4+} 分别还原为 Cu^{+} 和 Mn^{3+}。在 400~1000℃的温度范围内，LBCM-0、LBCM-0.1 和 LBCM-0.2 的质量损失分别为 0.09%、0.13%和 0.16%，说明氧空位的含量随着 Bi 的掺杂量的增加而增加，因此 LBCM-0.2 中的氧空位含量要高于 LBCM-0 和 LBCM-0.1。此外，在整个测试温度区间内，LBCM-x(x=0, 0.1 和 0.2) 系列样品的质量损失均未超过 0.4%，说明这一系列氧化物的热稳定性非常高。

7.6 氧空位生成能的第一性原理计算

XPS 和 TG-DSC 分析均证明 LBCM-x(x=0, 0.1 和 0.2) 系列阴极材料中氧空位的含量随着 Bi 的掺杂量的增加而增加，为了从理论上探究 Bi 的掺杂对这一系列阴极材料中氧空位生成的影响，用第一性原理计算的方法对这一系列化合物中不同位置的氧空位生成能进行了理论模拟计算。理论计算采用的结构模型和计算结果分别如图 7-8 和图 7-9 所示。

计算结果表明 Mn—O*—Mn 和 Cu—O*—Mn 的氧空位生成能均随着 Bi 的掺杂量的增加而降低，并且 Cu 周围的氧空位的生成能要低于 Mn 周围的氧空位生成能，说明 Bi 的掺杂更有利于 Cu 周围氧空位的生成。考虑到 Bi^{3+} 中 $6s^2$ 孤对电子的特殊性，我们还对 Bi 周围的氧空位生成能进行了理论计算，得到的氧空位生成能为 3.14eV，比计算得到的 Cu 和 Mn 周围的氧空位生成能都要低，说明 Bi 周围的氧空位更容易生成，这是由于 Bi^{3+} 中高度极化的 $6s^2$ 孤对电子使邻近的氧

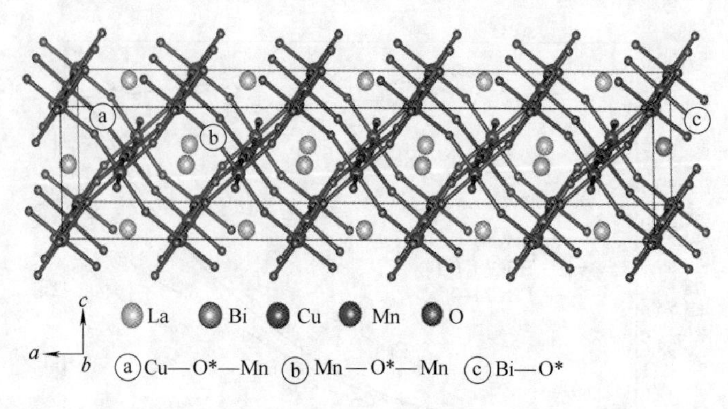

图 7-8 LBCM-x(x=0, 0.1 和 0.2) 中不同位置的氧空位生成能理论计算所采用的结构模型

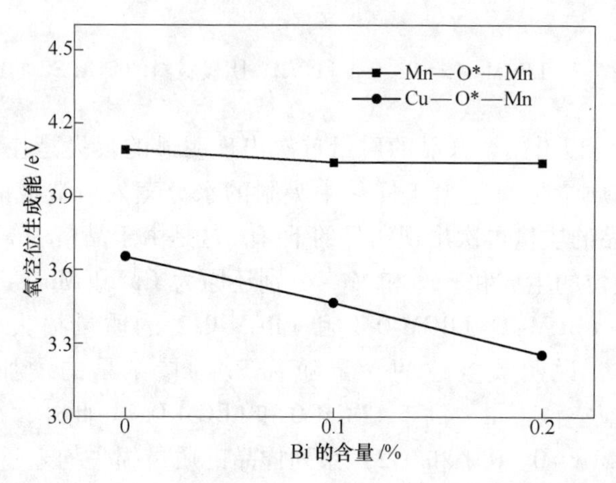

图 7-9 LBCM-x (x=0, 0.1 和 0.2) 中不同位置的氧空位生成能的理论计算结果

受到较强的电子排斥作用而比较容易脱离晶体结构，从而留下氧空位。孤对电子的浓度随着掺杂量的增加而增加，加速了材料中氧空位的生成。与前面 XPS 和 TG-DSC 分析相吻合。

7.7 线膨胀系数分析

图 7-10 为 LBCM-x(x=0, 0.1 和 0.2) 系列阴极材料在 300~800℃的中低温区间内的热膨胀曲线。从图中可以看出，这一系列的 3 个样品的热膨胀曲线在中低温区间内几乎均呈线性。通过计算可以得到 LBCM-0、LBCM-0.1 和 LBCM-0.2 系列样品在 300~800℃温度区间内的平均线膨胀系数分别为 10.9×10^{-5}/K、11.4×10^{-6}/K 和 11.6×10^{-6}/K。与常用的固体氧化物燃料电池电解质材料 YSZ(10.8×10^{-6}/K)、LSGM(11.1×10^{-6}/K) 以及 SDC(12.0×10^{-6}/K) 的线膨胀系数很接近，因此这一系列化合物与常用的固体电解质材料匹配性非常好。

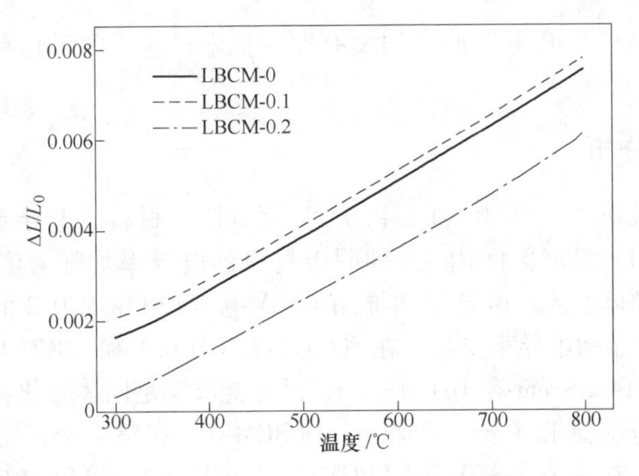

图 7-10　LBCM-x(x=0，0.1 和 0.2）阴极材料的热膨胀曲线

7.8　化学兼容性分析

为了探究 LBCM-x(x=0，0.1 和 0.2）系列阴极材料与 SDC 电解质的之间的化学兼容性，将 LBCM-x(x=0，0.1 和 0.2）系列阴极材料的粉末样品和 SDC 电解质粉末样品按 1：1 的质量比均匀混合研磨之后在 1000℃下进行了 6h 的高温烧结，冷却至室温后将两者的混合粉末样品取出，进行 XRD 测试，检测两者之间是否有化学反应产生的杂相。图 7-11 为在 1000℃下烧结后的 LBCM-x(x=0，0.1 和 0.2）系列阴极材料和 SDC 电解质混合物的 XRD 图谱。从图中可以看出，高温烧结后的 XRD 图谱中只包含有 LBCM-x(x=0，0.1 和 0.2）系列阴极材料和 SDC 电解质的衍射峰，没有新的衍射峰出现，说明 LBCM-x(x=0，0.1 和 0.2）

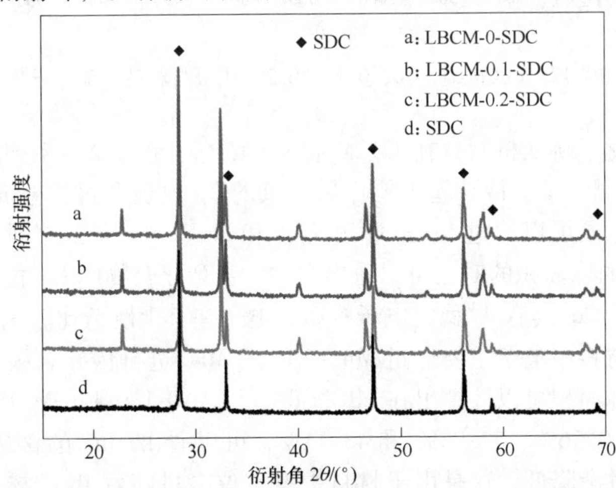

图 7-11　LBCM-x(x=0，0.1 和 0.2）与 SDC 电解质的混合物在 1000℃烧结后的室温 XRD 图谱

系列阴极材料仍与 SDC 电解质之间没有发生化学反应，两者具有非常良好的化学兼容性。

7.9　电导率分析

图 7-12 为 LBCM-x(x=0，0.1 和 0.2）系列阴极材料的电导率随温度的变化图。在 200~850℃温度区间内，3 种阴极材料的电导率均随着温度的升高而增加，呈现出半导体性质。Bi 掺杂的样品 LBCM-0.1 和 LBCM-0.2 的电导率比未掺杂的 LBCM-0 样品的电导率要高。在 500℃，LBCM-0.1 和 LBCM-0.2 阴极材料的电导率分别为 114.5S/cm 和 104.0S/cm，已经能够满足固体氧化物燃料电池阴极材料电导率的传统要求（σ>100S/cm）。LBCM-0.1 在整个测试温度区间内具有最高的电导率，并且，在 850℃时 LBCM-0、LBCM-0.1 和 LBCM-0.2 的电导率分别为 121.48S/cm、143.91S/cm 和 131.25S/cm。

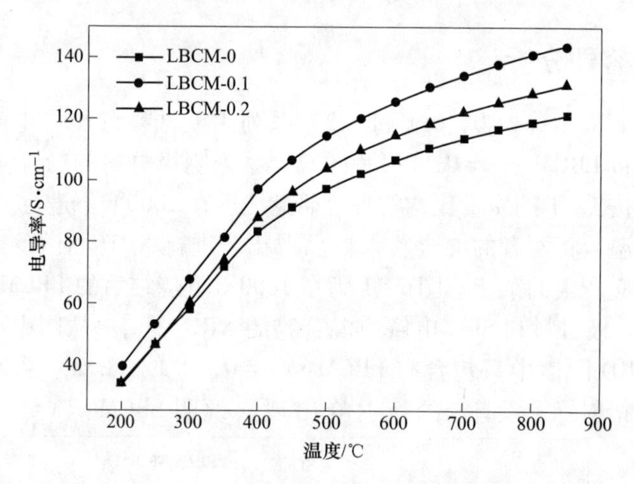

图 7-12　LBCM-x(x=0，0.1 和 0.2）阴极材料的直流电导率

根据小极化子跳跃机制，在 LBCM-x(x=0，0.1 和 0.2）系列阴极材料中变价的 Cu 和 Mn 对电子的传导起主要作用。氧的 2p 轨道和过渡金属的 3d 轨道相互重叠，使得电子可以通过 Cu^{+}—O^{2-}—Cu^{2+} 和 Mn^{3+}—O^{2-}—Mn^{4+} 进行传导。从前面 XPS 结果中的峰面积的对比可以看出在这一系列化合物中 Cu^{+} 的含量要远小于 Cu^{2+}，而且由于 Cu^{+} 具有 d^{10} 稳定电子构型，电子在其上跳跃比较困难，所以，在这一系列阴极材料中电子主要通过 Mn^{3+}—O^{2-}—Mn^{4+} 进行传导。从前面 XPS 分峰拟合后相应的峰面积可以计算出在 LBCM-0、LBCM-0.1 和 LBCM-0.2 样品中 Mn^{4+} 的含量依次为 60.56%、52.93% 和 43.11%，可以看出 Mn^{4+} 的含量随着 Bi 的掺杂量的增加而逐渐降低，这是由于材料中氧空位含量随着 Bi 的掺杂量的增加而逐渐升高，为了满足电中性，部分 Mn^{4+} 就会还原为 Mn^{3+}。由于 LBCM-0.1 中 Mn^{3+}(47.07%）和 Mn^{4+}(52.93%）的含量相当，能够形成更多的 Mn^{3+}—O^{2-}—

Mn^{4+}来进行电子的跳跃传导，因此LBCM-0.1的电导在三者中最高。对于LBCM-0和LBCM-0.2来说，LBCM-0中Mn^{3+}的含量较低，而LBCM-0.2中Mn^{4+}的含量较低，与LBCM-0.1相比较在这两者中均无法形成足够的Mn^{3+}—O^{2-}—Mn^{4+}供电子进行跳跃传导，因此这两者的电子电导要低于LBCM-0.1样品。

7.10 扫描电子显微镜分析

图7-13为LBCM-*x*｜SDC｜LBCM-*x*构型的对称电池的截面和LBCM-*x*(*x*=0,

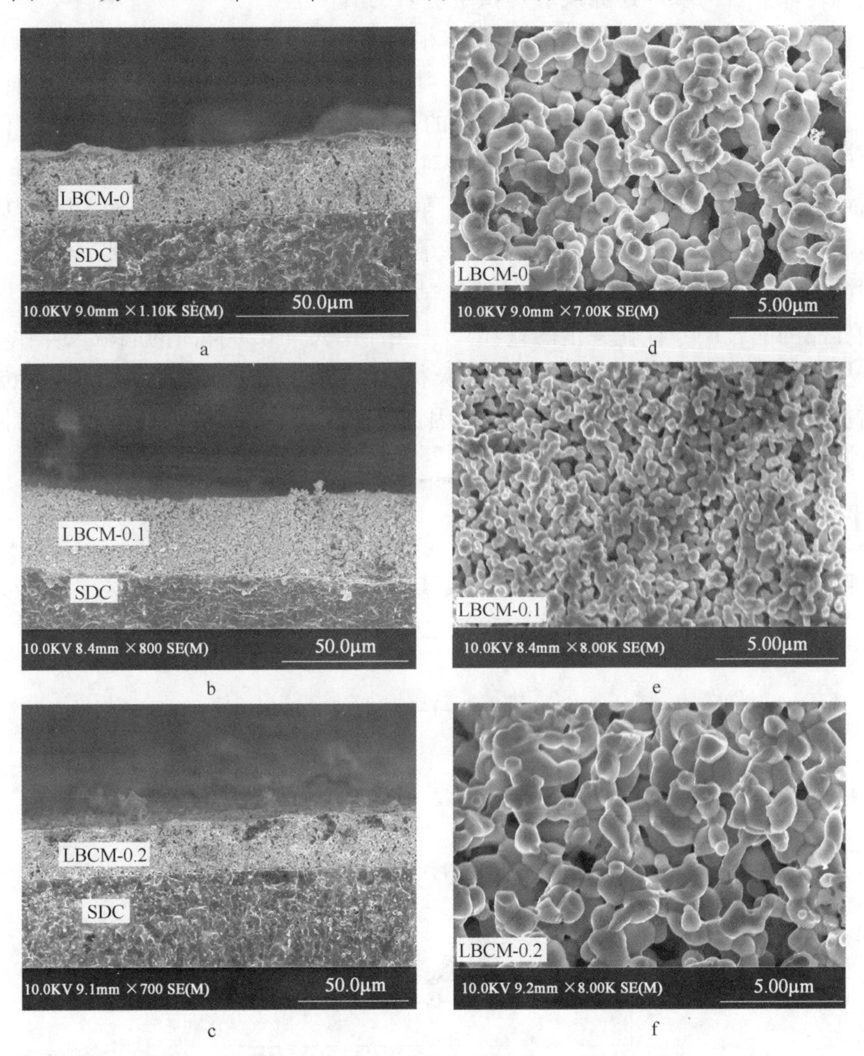

图7-13 LBCM-*x*｜SDC｜LBCM-*x*构型的对称电池截面和阴极层的SEM照片

a—LBCM-0阴极与SDC电解质的截面图；b—LBCM-0.1阴极与SDC电解质的截面图；
c—LBCM-0.2阴极与SDC电解质的截面图；d—LBCM-0阴极的SEM形貌图；
e—LBCM-0.1阴极的SEM形貌图；f—LBCM-0.2阴极的SEM形貌图

0.1 和 0.2）系列阴极的扫描电子显微镜（SEM）照片。与疏松多孔的电极层相比较，SDC 电解质层非常致密，可防止燃料气体的扩散，有利于氧离子在其中传输。电极的微观结构与其表面积的大小，电化学活性位点的数量以及电子的传输等有密切关系，这些性质通过反应动力学，电荷转移及质量传输等过程影响着电池的性能。图 7-13d~f 为 LBCM 系列阴极材料的 SEM 放大图，可以看出这些阴极材料的晶粒之间连接得很好，孔隙分布得也非常均匀，这种多孔的微观结构有利于氧的传输并且为氧的还原反应提供了更多的活性位点。

尽管这些阴极材料的微观结构大体相同，但是 LBCM-0.1(0.3~0.5μm) 样品的晶粒尺寸要明显小于 LBCM-0(0.6~1μm) 和 LBCM-0.2(0.5~1μm) 样品。本研究中，LBCM-0 样品烧结成纯相的温度（1000℃）要高于 Bi 掺杂的样品（900℃），导致其晶粒较大一些。而对于 Bi 掺杂的样品来说，随着 Bi 掺杂量的增加晶粒尺寸逐渐增大，例如，Zou 等人[20]报道的 $Ca_{3-x}Bi_xCo_4O_{9-\delta}$($x$=0.1~0.5）系列化合物，样品的晶粒尺寸随着 Bi 掺杂量的增加而增加，这是由于 Bi_2O_3 较低的熔点（860℃）对样品的烧结性能产生一定的影响，导致不同 Bi 含量的样品的晶粒尺寸存在一定的差异[19]。由于 LBCM-0.1 样品的晶粒尺寸比其他两个样品的要小，所以，LBCM-0.1 阴极材料与电解质材料有更多的接触点，大大增加了材料内部三相界面的长度，因此在其内部有更多氧还原反应的活性位点。

7.11 电化学交流阻抗分析

图 7-14~图 7-16 分别为以 LBCM-0、LBCM-0.1 和 LBCM-0.2 为对称电极，以 SDC 为电解质的对称电池在 700~850℃之间的电化学交流阻抗谱。

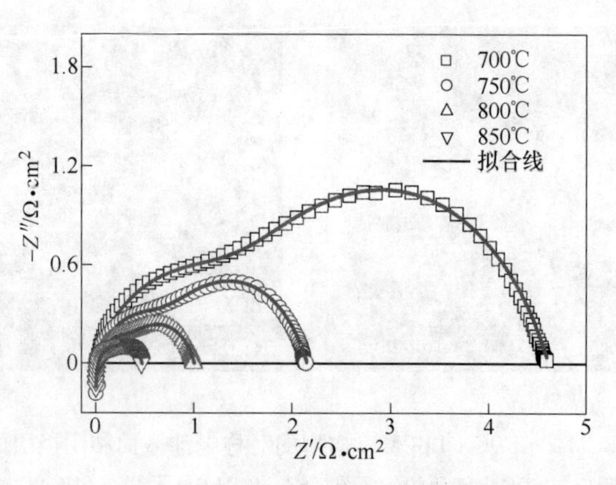

图 7-14 LBCM-0 的交流阻抗谱

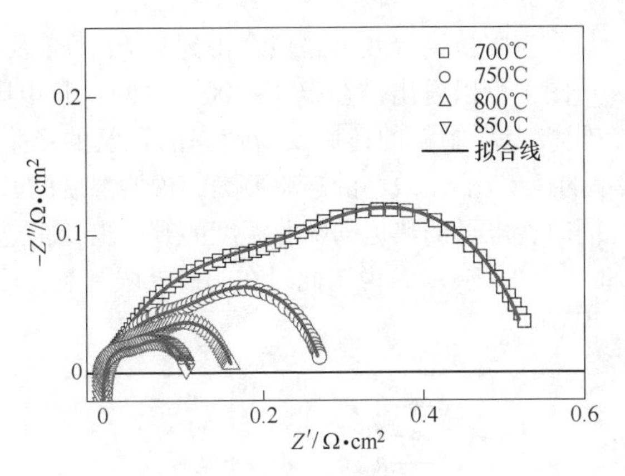

图 7-15　LBCM-0.1 的交流阻抗谱

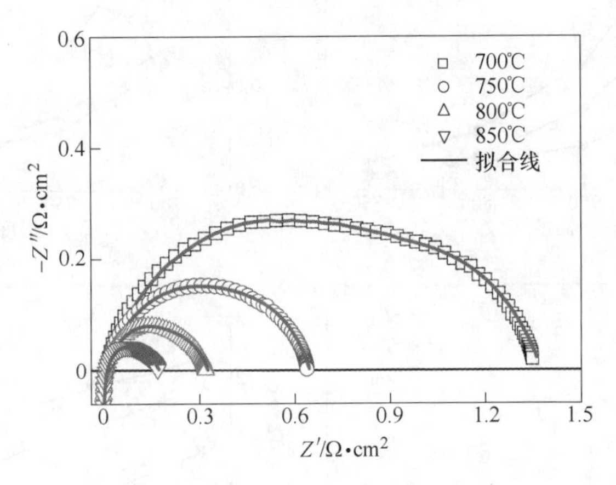

图 7-16　LBCM-0.2 的交流阻抗谱

用等效电路的方法来研究电化学交流阻抗谱有助于我们更好地理解电极上的电化学过程。LBCM-x（$x=0$，0.1 和 0.2）系列阴极的交流阻抗谱与等效电路 $LR(Q_1R_1)(Q_2R_2)$（见图 7-17）拟合的结果吻合的非常好，说明在阴极上至少有两个电极过程限制着氧的还原反应[25]。在等效电路 $LR(Q_1R_1)(Q_2R_2)$ 中，L 代表电感，R 代表总的欧姆电阻，Q_1 和 Q_2 代表相位角元件（CPE）。R_1 指的是交流阻抗谱中的高频电阻，与氧离子从三相界面向电解质迁移扩散过程中的电荷转移有关。R_2 指的是交流阻抗谱中的低频电阻，与氧在阴极上的吸附解离过程有关[26,27]。

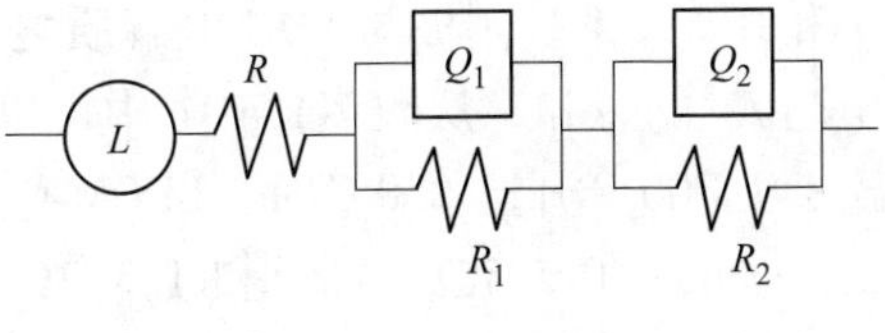

L　R　Q_1　R_1　Q_2　R_2

图 7-17　LBCM-x（$x=0$，0.1 和 0.2）阴极材料的交流阻抗谱的等效电路

图 7-18a~c 为从交流阻抗谱等效电路拟合得到的 R_1、R_2 及界面极化电阻 R_p 随温度的变化图。从图中可以看出，在 700~800℃之间低频电阻 R_2 比高频电阻 R_1 大，说明此时在阴极上限制氧的还原反应速率的是氧的吸附解离过程。随着温度的升高 R_2 减小的速率比 R_1 减小的速率要大，说明温度的升高有助于氧的吸附解离过程。与此同时，电子的热运动随着温度的升高也变得越来越剧烈。最终当温度升至 850℃时，R_1 大于 R_2，说明此时在阴极上限制氧还原反应速率的步骤变为电荷的转移过程。

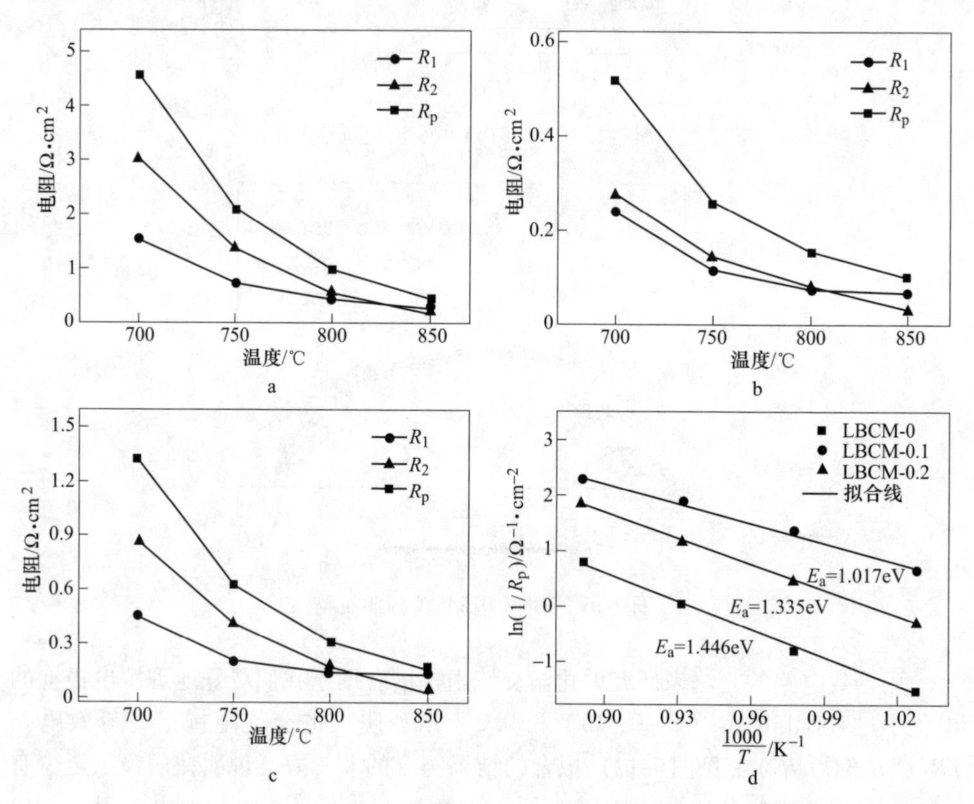

图 7-18 从 LBCM-x(x=0, 0.1 和 0.2) 阴极材料的交流阻抗谱拟合得到的 R_1、R_2、R_p 随温度的变化及界面极化电阻的阿伦尼乌斯（Arrhenius）拟合结果

a—LBCM-0；b—LBCM-0.1；c—LBCM-0.2；d—LBCM-x(x=0, 0.1 和 0.2) 阴极材料的界面极化电阻的阿伦尼乌斯拟合

LBCM-x(x=0, 0.1 和 0.2) 系列阴极与 SDC 电解质之间的界面极化电阻 R_p 为高频电阻 R_1 和低频电阻 R_2 的总和，从图 7-18a~c 中可以看出 R_p 随温度的升高迅速降低，例如，当温度从 700℃升至 850℃时，LBCM-0、LBCM-0.1 和 LBCM-0.2 的 R_p 分别从 4.572Ω · cm²、0.517Ω · cm² 和 1.327Ω · cm² 降至 0.455Ω · cm²、0.101Ω · cm² 和 0.157Ω · cm²。LBCM-0.1 阴极的界面极化电阻在三者之中

最低，说明 LBCM-0.1 阴极对于氧还原反应的电催化活性要比 LBCM-0 和 LBCM-0.2阴极要高。

图 7-18d 为 LBCM-x(x=0，0.1 和 0.2) 系列阴极材料的界面极化电阻的阿伦尼乌斯（Arrhenius）拟合结果。从线性拟合得到的斜率可以计算出 LBCM-0、LBCM-0.1 和 LBCM-0.2 系列阴极材料相应的活化能分别为 1.446eV、1.017eV 和 1.335eV。活化能的大小直接反映了阴极材料的催化性能，包括氧的吸附和解离以及在阴极材料的表面传输和体相传输等步骤，如图 7-19 所示。首先，氧气分子在 LBCM 阴极材料表面吸附并解离为 $O_{adsorbed}$，然后一些 $O_{adsorbed}$ 在电极表面的活性位点上直接与电子结合变成 O^{2-}，接着 O^{2-} 通过阴极材料体相内的一系列氧空位逐渐扩散至电极和电解质的界面处。与此同时，一些 $O_{adsorbed}$ 通过电极的表面扩散到由阴极、空气和电解质组成的三相界面处，然后再与电子结合变成 O^{2-}。最终经过阴极材料表面和体相传输的 O^{2-} 从阴极传输至 SDC 电解质内。

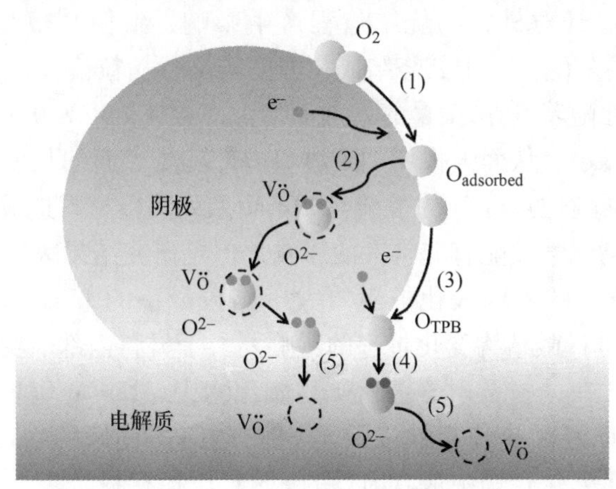

图 7-19 LBCM-x(x=0，0.1 和 0.2) 阴极材料中氧的表面和体相传输过程

Bi 的掺杂主要对阴极材料的影响有两个方面：改变材料的微观结构（晶粒尺寸）和促进氧空位生成。从电化学性能的角度来看，Bi 的掺杂带来的这两方面影响是互相竞争的关系。对于一个阴极材料来说，晶粒越小或氧空位越多，其电化学性能就越好。因此，从电化学测试结果来看，由于 Bi 掺杂造成的材料微观结构的变化对材料电化学性能的影响与同样由于 Bi 掺杂造成的氧空位浓度的变化对电化学性能的影响相比较，前者的影响更大。因此，尽管 XPS、TG-DSC 和理论模拟计算均表明 LBCM-0.2 中的氧空位的含量最多，但是其界面极化电阻和活化能仍比 LBCM-0.1 要高。这主要是由两者之间的微观结构的差异所造成的，LBCM-0.1 的晶粒尺寸要远小于 LBCM-0.2 和 LBCM-0，大大增加了其内部的三相界面的长度，为氧的还原过程提供了更多的活性位点。因此 LBCM-0.1 具有 LBCM 系列中最佳的电化学催化性能。

7.12　总结

本章主要介绍了 Bi 的掺杂对 $La_{2-x}Bi_xCu_{0.5}Mn_{1.5}O_6$（LBCM-$x$，$x$=0，0.1 和 0.2）系列阴极材料电学以及电化学性能的影响。研究结果表明，Bi 的掺杂对 LBCM 系列阴极材料的影响主要体现在两个方面。

（1）氧空位的含量随着 Bi^{3+} 的增加而增加，这一结论均得到了 XPS、TG-DSC 和理论模拟计算的证实。氧空位的产生，会对材料的电学和电化学性能产生影响。在电学方面，根据电中性原理，氧空位产生后，部分 Mn^{4+} 会还原为 Mn^{3+}，使得 Mn^{4+} 的含量降低，Mn^{3+} 的含量升高，使得 LBCM-0.1 中 Mn^{3+} 和 Mn^{4+} 的含量相当，因此可以形成更多的 Mn^{3+}—O^{2-}—Mn^{4+} 供电子的跳跃传导，因此 LBCM-0.1 在三者中具有最高的电导率。在电化学方面，氧空位是氧离子传输的载体，氧空位含量增加有利于氧的还原反应进程的进行。

（2）Bi 的掺杂还对材料的烧结过程产生影响，致使其微观结构产生差异。对于 LBCM-0 样品来说，由于其烧结成相温度较高，晶粒偏大，对于 Bi 掺杂的样品来说，晶粒尺寸随着 Bi 掺杂量的增加而增大，致使 LBCM-0.1 阴极材料的晶粒尺寸在三者之中最小，从而大大增加了材料内部三相界面的长度，为氧的还原反应提供了更多的活性位点。Bi 的掺杂对 LBCM 系列阴极材料造成的这两方面的影响，均对材料的电化学性能有非常大的影响，但是研究结果表明，氧空位含量最多的 LBCM-0.2 样品的界面极化电阻要大于晶粒最小的 LBCM-0.1 样品，因此，Bi 的掺杂造成的材料微结构变化带来的影响要大于材料内部氧空位变化对材料电化学性能的影响。在这一系列的钙钛矿型氧化物中，LBCM-0.1 具有最优的电学和电化学性能，良好的热稳定性以及与 SDC 电解质良好的物理与化学兼容性，使得其成为这一系列化合物中最有前景的 SOFC 阴极材料。

参 考 文 献

[1] Steele B C, Heinzel A. Materials for fuel-cell technologies [J]. Nature, 2001, 414: 345-352.

[2] Fu Y P, Ouyang J, Li C H, et al. Characterization of nanosized $Ce_{0.8}Sm_{0.2}O_{1.9}$-infiltrated $Sm_{0.5}Sr_{0.5}Co_{0.8}Cu_{0.2}O_{3-\delta}$ cathodes for solid oxide fuel cells [J]. International Journal of Hydrogen Energy, 2012, 37: 19027-19035.

[3] Chen G, Xin X, Luo T, et al. $Mn_{1.4}Co_{1.4}Cu_{0.2}O_4$ spinel protective coating on ferritic stainless steels for solid oxide fuel cell interconnect applications [J]. Journal of Power Sources, 2015, 278: 230-234.

[3] AlZahrani A, Dincer I, Li X. A performance assessment study on solid oxide fuel cells for reduced operating temperatures [J]. International Journal of Hydrogen Energy, 2015, 40:

7791-7797.

[4] Lu Z, Hardy J, Templeton J, et al. Performance of anode-supported solid oxide fuel cell with thin bi-layer electrolyte by pulsed laser deposition [J]. Journal of Power Sources, 2012, 210: 292-296.

[5] Wang F, Nakamura T, Yashiro K, et al. The effect of cation substitution on chemical stability of $Ba_{0.5}Sr_{0.5}Co_{0.8}Fe_{0.2}O_{3-\delta}$-based mixed conductors [J]. ECS Transactions 2013, 57: 2041-2049.

[6] Liu P, Kong J, Liu Q, et al. Relationship between powder structure and electrochemical performance of $Ba_{0.5}Sr_{0.5}Co_{0.8}Fe_{0.2}O_{3-\delta}$ cathode material [J]. Journal of Solid State Electrochemistry, 2014, 18: 1513-1517.

[7] Choi H J, Bae K, Jang D Y, et al. Surface modification of $La_{0.6}Sr_{0.4}Co_{0.2}Fe_{0.8}O_{3-\delta}$ cathode by atomic layer deposition of $La_{0.6}Sr_{0.4}CoO_{3-\delta}$ for high-performance solid oxide fuel cells [J]. ECS Transactions, 2015, 68: 729-733.

[8] Kudo H, Yashiro K, Hashimoto S I, et al. Oxygen transport in perovskite type oxide $La_{0.6}Sr_{0.4}Co_{0.2}Fe_{0.8}O_{3-\delta}$ [J]. ECS Transactions, 2013, 50: 37-42.

[9] Jiang W, Lü Z, Wei B, et al. $Sm_{0.5}Sr_{0.5}CoO_3$-$Sm_{0.2}Ce_{0.8}O_{1.9}$ composite oxygen electrodes for solid oxide electrolysis cells [J]. Fuel Cells, 2014, 14: 76-82.

[10] Fu Y P, Li C H, Hu S H. Comparison of the electrochemical properties of infiltrated and functionally gradient $Sm_{0.5}Sr_{0.5}CoO_{3-\delta}$ – $Ce_{0.8}Sm_{0.2}O_{1.9}$ composite cathodes for solid oxide fuel cells [J]. Journal of the Electrochemical Society, 2012, 159: B629-B634.

[11] Liu J, Collins G, Liu M, et al. Superfast oxygen exchange kinetics on highly epitaxial $LaBaCo_2O_{5+\delta}$ thin films for intermediate temperature solid oxide fuel cells [J]. APL Materials, 2013, 1: 031101.

[12] Li R F, He S C, Guo L C. Effect of $Ce_{0.8}Sm_{0.2}O_{1.9}$ interlayer on the electrochemical performance of $LaBaCo_2O_{5+\delta}$ cathode for IT-SOFCs [J]. Applied Mechanics and Materials, 2013, 423: 532-536.

[13] Gong Z, Hou J, Wang Z, et al. A new cobalt-free composite cathode $Pr_{0.6}Sr_{0.4}Cu_{0.2}Fe_{0.8}O_{3-\delta}$-$Ce_{0.8}Sm_{0.2}O_{2-\delta}$ for proton-conducting solid oxide fuel cells [J]. Electrochimica Acta, 2015, 178: 60-64.

[14] Chen D, Wang F, Shi H, et al. Systematic evaluation of Co-free $LnBaFe_2O_{5+\delta}$ (Ln = Lanthanides or Y) oxides towards the application as cathodes for intermediate-temperature solid oxide fuel cells [J]. Electrochimica Acta, 2012, 78: 466-474.

[15] Ahmad E, Liborio L, Kramer D, et al. Thermodynamic stability of $LaMnO_3$ and its competing oxides: A hybrid density functional study of an alkaline fuel cell catalyst [J]. Physical Review B, 2011, 84: 085137.

[16] Martínez-Coronado R, Aguadero A, Alonso J, et al. Reversible oxygen removal and uptake in the La_2ZnMnO_6 double perovskite: Performance in symmetrical SOFC cells [J]. Solid State Sciences, 2013, 18: 64-70.

[17] Meng J, Yuan N, Liu X, et al. Assessment of $LaM_{0.25}Mn_{0.75}O_{3-\delta}$ (M = Fe, Co, Ni, Cu) as promising cathode materials for intermediate-temperature solid oxide fuel cells [J]. Electrochim-

ica Acta, 2015, 169: 264-275.

[18] Huang S, Gao F, Meng Z, et al. Bismuth-based pervoskite as a high-performance cathode for intermediate-temperature solid oxide fuel cells [J]. Chem Electro Chem, 2014, 1: 554-558.

[19] Li M, Wang Y, Wang Y, et al. Bismuth doped lanthanum ferrite perovskites as novel cathodes for intermediate-temperature solid oxide fuel cells [J]. ACS Applied Materials & Interfaces, 2014, 6: 11286-11294.

[20] Zou J, Park J, Yoon H, et al. Preparation and evaluation of $Ca_{3-x}Bi_xCo_4O_{9-\delta}$ ($0<x\leqslant 0.5$) as novel cathodes for intermediate temperature-solid oxide fuel cells [J]. International Journal of Hydrogen Energy, 2012, 37: 8592-8602.

[21] Li M, Pietrowski M J, De Souza R A, et al. A family of oxide ion conductors based on the ferroelectric perovskite $Na_{0.5}Bi_{0.5}TiO_3$ [J]. Nature materials, 2014, 13: 31-35.

[22] Biesinger M C, Lau L W, Gerson A R, et al. Resolving surface chemical states in XPS analysis of first row transition metals, oxides and hydroxides: Sc, Ti, V, Cu and Zn [J]. Applied Surface Science, 2010, 257: 887-898.

[23] Batis N H, Delichere P, Batis H. Physicochemical and catalytic properties in methane combustion of $La_{1-x}Ca_xMnO_{3\pm y}$ ($0\leqslant x\leqslant 1$; $-0.04\leqslant y\leqslant 0.24$) perovskite type oxide [J]. Applied Catalysis A, 2005, 282: 173-180.

[24] Laarif A, Theobald F. The lone pair concept and the conductivity of bismuth oxides Bi_2O_3 [J]. Solid State Ionics, 1986, 21: 183-193.

[25] Fu C, Sun K, Chen X, et al. Electrochemical properties of A-site deficient SOFC cathodes under Cr poisoning conditions [J]. Electrochimica Acta, 2009, 54: 7305-7312.

[26] Gong Y, Patel R L, Liang X, et al. Atomic layer deposition functionalized composite SOFC cathode $La_{0.6}Sr_{0.4}Fe_{0.8}Co_{0.2}O_{3-\delta}-Gd_{0.2}Ce_{0.8}O_{1.9}$: Enhanced long-term stability [J]. Chemistry of Materials, 2013, 25: 4224-4231.

[27] Niu Y, Sunarso J, Zhou W, et al. Evaluation and optimization of $Bi_{1-x}Sr_xFeO_{3-\delta}$ perovskites as cathodes of solid oxide fuel cells [J]. International Journal of Hydrogen Energy, 2011, 36: 3179-3186.